UP

工作法门

STEALING THE CORNER OFFICE

[美] 布兰丹·里德(Brendan Reid) 著

李菲 译

国际文化出版公司

·北京·

图书在版编目（CIP）数据

Up 工作法门 /（美）布兰丹·里德著；李菲译 . — 北京：国际文化出版公司，2019.2
ISBN 978-7-5125-1107-1

I . ① U⋯　II . ① 布⋯ ② 李⋯　III . ① 成功心理 – 通俗读物
IV . ① B848.4-49

中国版本图书馆 CIP 数据核字（2018）第 299372 号

Stealing the Corner Office © 2014 Brendan Reid. Original
English language edition published by The Career Press, Inc., 12
Parish Drive, Wayne, NJ 07470, USA. All rights reserved

Up 工作法门

作　　者	[美]布兰丹·里德
责任编辑	李　璞
出版发行	国际文化出版公司
经　　销	国文润华文化传媒（北京）有限责任公司
印　　刷	三河市华晨印务有限公司
开　　本	880 毫米 ×1230 毫米　　　32 开
	8 印张　　　　　　　　　130 千字
版　　次	2019 年 2 月第 1 版
	2019 年 2 月第 1 次印刷
书　　号	ISBN 978-7-5125-1107-1
定　　价	45.00 元

国际文化出版公司
北京朝阳区东土城路乙 9 号　　　　　邮编：100013
总编室：（010）64271551　　　　　传真：（010）64271578
销售热线：（010）64271187
传真：（010）64271187-800
E-mail：icpc@95777.sina.net
http://www.sinoread.com

// 作者寄语 //

　　本书中提及的公司名称均为虚构，是为了让读者更好地享受本书而起的，如有雷同，纯属巧合。

// 致谢词 //

首先要感谢阿雅坚定的爱和支持，并感谢父母，让我有力量去实现自己的目标和梦想，毫不犹豫，也没有任何畏惧。

还要谢谢从我的职业生涯开始就一直陪伴在我身旁的最亲爱的朋友们，真的希望你们明白，你们的忠诚对我而言有多么重要。

特别还要感谢曾与我一起工作的同事和老板们，是你们让我明白，团队的成功并不是依赖某个人。

最后，要谢谢阿诺德，你发现了我的潜力，而这是别人都不曾发现过的。

目录 Contents

// 前言 //

真的不敢承认，我的职业生涯前半程里，做的很多事对升职都毫无帮助。跟许多年轻人一样，我一直都坚持这样的观念：只要再努力一下，踏踏实实地做好手中的工作，就能被认可，就能在竞争中获胜。然而理想丰满，现实骨感。这些鸡汤式的观念，无法使我在残酷的竞争中取得成功。不过这怎么能怪我呢？华而不实的鸡汤随处可见：

"以目标为导向"——错！

"结识有责任心的人"——错！！

"执着追求自己的理想"——大错特错！！！

但很多人仍然将这些鸡汤视作真理，并坚定地认为，违背了这些真理，就将一事无成。如果你参加会议时，对你的老板说，生意并不是只为了目标而前行，你看看会出现什么情况吧。走出办公室，告诉你的下属们，工作可以随意些，想做就去做，不想做就不要勉强，可以自己决定；不论什么情况下，都不要对理想太过执着，你再仔细观察他们看你的眼光和神情吧！

数十年来，我们在学校受到的教育、在工作中老板的要求，都是用这些鸡汤式的观念来约束我们的行为，所以其逐渐深入我们心中。我希望，从现在开始，大家应该重新去审视这些观念了。

似乎，每一个成功人士的故事都是勤奋、努力、保持激情，最终收获功名和财富。

玛格丽特·撒切尔夫人告诉我们："我从没听说过不用努力攀登就能到达巅峰的人，努力是成功的秘诀。"铁娘子的话是不会错的，不是吗？那么，她会如何看待我之前的那位最关心复合年增长率（CAGR）①的老板呢？他完全不会做业务分析，在科德角却有一栋避暑别墅。铁娘子的秘诀看起来并不合适，不是吗！

美国前国务卿科林·鲍威尔说过："不用魔法，梦想是不会成真的，这魔法需要的是汗水、决心和努力。"好吧，我曾经跟一位负责运营的VP合作过，他认为散布图②仅仅是某种新兴的热门照片分享程序，我们又该怎么看待这位"蠢货"呢？他虽然"蠢"，完全没有商业头脑，却通过收购获得了巨大的财富，对我而言，这就像是魔法一样。

我们曾经学到无数的成功学，现在看来完全不靠谱。我研究这些理念超过15年，这些被视作真理的"鸡汤"，只是那些人生赢家用来标榜、装点自己的。你能够责怪他们吗？他们虽然缺点很多，却能掌控公司，高人一等，他们晚上睡觉之前是不会因此而感谢上帝的。看到他们，我们只能用关于努力、坚定和激情的所谓"真理"来抚慰自己。

经过多年观察，我认识到，这种被人们普遍认知的观念并不是通过现代的社会竞争总结出来的。如果按照这种观念去做，你并不能获得你想要的成功。在本书中，我将告诉你，为什么这样做不能获得你想要的结果，怎样做才能对你有利。

先不要急着将我看成是一个吃不着葡萄就说葡萄酸的人，让我先做几点重要的声明。首先，我并不是说所有的人生赢家都是机会主义者，这世间有很多人因为聪明、勤奋而获得成功。我认识的成功人士中，至少有一半人确实是聪明过人、富于激情、坚持不懈。他们严格遵循前人的成功经验，并付诸实践。但重点在于，事实上，还有另外一部分人，他们的才能、勤奋并不如他们的同行，但是他们仍然能够爬到更高的位置，成为竞争中的胜出者。也许，这些人能教给我们的更多。我对后者的爱称是"Incompetent Executives"——非能力型管理者。

大家可能认为，我这样说是在讥笑他们。不过在这种想法入侵你的大脑之前，仔细观察你周围的同事，诚实地说说你公司里的哪些人获得了成功，再琢磨琢磨，为什么他们能这样？

你不妨再观察一下，这些获得了成功的同事之中，有多少人是聪明、勤奋、有开拓精神的？有多少人看起来非常走运？有多少人在垂涎别人的成功？

根据我自己的经验，要想在竞争中获得优胜，就要先了解那些非能力型管理者成功的秘诀——这些人是我们不看好的，但却收获了成功。他们就是那些我们嘴里时常抱怨的对象：你的笨蛋老板、猪队友和蠢到家的战略合作伙伴等等。你们跟我一样了解这些人。我的一个朋友称呼他们为"Teflon Executives"——特氟龙（免受指责的、不受丑闻困扰的）高管。无论遇到了什么困境，他们都能获得成功，但他们看起来什么也没做过。就是这样一些人爬到了你的头上，对你发号施令，他们明白了哪些你还不明白的道理？我将带你探索他们的秘密，让你看到他们的职场"攻略"。

我首先要声明一点：我并非看不起非能力型管理者——远不是如此。我本人十分尊重他们，事实上，多年来我一直都在学习他们的职业智慧，我也见证了自己和与我共享这些智慧的朋友们的事业成功。因此，如果你现在能力平平，觉得工作轻松如意赚钱多，我并没有讨厌你。事实上，我真的感谢你。最重要的是，了解那些智商低平的人是怎样用独特的职场策略来获得晋升的，这比学会更聪明地行事更加困难。本书的主旨是让你们窥探这些人的秘诀，以促使自己获得事业上的成功。

有意思的是，这时候你会发现，自己如果要像非能力型管理者那样思考，是需要付出代价的。你有两种选择：其一是花五年时间让自己变成更加明智的商业人士，你可以跟哈佛耶鲁的同行们和所有跟你使用同样的职场策略的人拼才干；其二是花两天时间读一读本书。你将了解到该如何使用正确的策略在职场上取胜。给我再多一点时间，让我跟你详述来龙去脉吧。

坦白地说，我的职业生涯大部分时间都在观察非能力型管理者。我跟同行们交流时会拿他们开玩笑，说他们为了得到想要的职位，要跟谁谁发生关系，他们曾经是什么人物的旧校友。我曾经大发牢骚，为什么他们获得了成功而我没有，抱怨这不公平，却没有认真考虑以下更重要的问题：他们的哪些行为是我能够从中汲取到经验教训的？

我自己就是那种聪明但不够机灵的管理者，我拥有如下的典型特征：

1. 对自己的工作很热情，对自己的理念很执着。

2. 一直努力坚持。

3. 谈论问题的时候很热切、很积极，并直言不讳地说出自己的想法。

4. 不得不按时做出结论。

5. 对公司倾注了很多情感。

6. 对我的员工和同事们提要求。

从表面上来看，这些品质都很棒，有时候，在跟别人讨论大环境不公平的时候，我都要强调这几点内容。为什么那些看上去不合格的经理能够步步高升，而我却一直是中层管理者呢？

然后我开始更认真地思考以上的问题。确实很认真地思考——为什么他们晋升了，而我没有？在公司中获得成功究竟要付出什么代价？要获得晋升真的只要更机灵一点就够了吗？

一旦开始了思考，一切就发生了改变。我开始以一种全新的视角来看待职场变幻和职业晋升。此时，一些令人不安的证据也开始现出原形来。我之前所看重的那些优秀品质，事实上却成了阻碍我职场晋升的障碍。

我之前看重的那些品质结果却不如我所想的那么重要。在某些情况下，那些品质是无助于我们的，更有甚者，它们会成为压死骆驼的最后一根稻草。那些所谓的非能力型管理者可能缺少专业的知识、职业道德和必要的风度，但他们却拥有助自己事业成功的另一种技能，而这种技能很管用！

我们都对自己的技能进行了错误的评判，我们需要重新制定作为经理人的行为准则。这也是将别人称为"非能力型管理者"之所以被认为是贬损他人的理由，我向你们保证，这不是对人的贬损之词。其实，这些管理者自己也明白，没有我们大部分人引以为傲的技能，他们应如何让自己的职位晋升。

写作本书时，我就知道，有的读者和评论家会将这视作愤世嫉俗的表现，他们会举出千百种机灵而勤奋的人收获成功的例子，来证明自己的观点。他们根本没发现重点所在。本书的目的就是严格检查那些让普通的经理收获成功，并扶摇直上的行为和策略，并从他们那儿汲取相应的经验教训，有天赋的经理者们可以记录下这些内容，并最终在职场上发挥出自己的潜能。

我们的公司和政府中出现了越来越多明白如何取胜的人。本书的目标就是让那些有天赋和才干的人树立新的观念，用全新的方式在职场上制胜。无论对非能力型管理者的态度如何，我们每天都能观察到他们的行为模式，我们认为有必要停止思考错误的问题，而要开始思考正确的问题。

1

这才是真实的职场

很多有才华的人之所以无法快速晋升，最大的缘由就在于他们不完全了解职场规则。他们总是对职场的风云变幻做出错误的评测，从而选择最低劣的策略用于职场晋升。

刚入职公司的时候，最好还是先了解一下，公司真正的运作方式和公司决策的决定因素究竟是怎样的。我们都愿意相信，公司的运作是合理公平的。我们都认为，在公司中，只要职员有天赋才干、努力工作，他们就能得到晋升。我们的职场策略都是根据这样的逻辑而建立的，不幸的是，事实上公司的运营并非如此。

/ 我所知道的公司 /

在本章里，我们将看一看那种虽然寻常但却不为人所熟知的、跟大家普遍认为的公司运营方式相违背的运营方式。在这样的氛围中，普遍接受的职场策略是不管用的。我所认识的职场世界里，勤奋、诚实和天赋之所以不是成功的秘诀，也正是因为如上所述的理由。事实上，在大部分公司里，都是那些看似不合格的管理人员说了算的。让我们来深入了解一下这些公司的"游戏规则"，这样，我们才能制定出适合我们的升职策略。

我们谈论公司的时候，都认为氛围是公平合理的。媒体报道某些公司的时候，无不将其描绘得似乎是一个精密的机械化世界。不过，在普通的公司中层任职不超过六个月，你就会发现，公司从里到外都是有缺陷的。只有进入了公司内部，你才会知道情况有多么糟。下面，我列出几个公司惯常采用的举措：

1. 每隔两年，都要对销售人员重新进行培训，让他们掌握新的销售技巧，这样就不必向上司承认，雇用了能力不足的人。

2. 每隔三年，必须开发新的销售合作伙伴，以让全世界都知道，本公司是值得信赖的伙伴——这一点才是最重要的。

3. 至少每五年一次，将公司所有产品都仿照国际化品牌进行包装，以便它们在全球化市场之中竞争。

这是一个荒谬的循环系统，这些举措表面上看很不错，但事实上都是因好面子和免责而实施的。开发新的销售合作伙伴，并非出于改善分配、提高市场份额，而是为了将过去的失败归咎于一些不重要的因素。重新培训销售人员，并非出于提高他们的效率，而是给自己聘用了无能的人找一个将功补过的机会。将公司产品重新包装也跟全球化与品牌的持续发展无关，只为失败另找了一个借口，以示并非缘于自己无能。是人的本性，让我们做出了上述的决策，这样的决策无所谓合不合理，也跟我们以往的成就没有什么关联。

毕竟，公司也是由人组建而成的，人最看重的莫过于自身的安全，这只要熟悉马斯洛的需求层次理论就明白了。[①]人的本性不会总保持理智，人是冲动的。他们更倾向于选择自我保护，而不是对公司忠诚。这也是为什么虽然公司有各种问题，但运营状况依然良好的理由。他们不断地做出错误的小决策，然后开启大变革、运行大项目用以纠正那些小错误。虽然这种现实很矛盾，但它对你的职场晋升策略有重要的影响。

刚踏入职场时，我们总认为其中都是井然有序的，是合理的；职场是一种精英社会[②]，一切都应该是最佳最好的。实际上，是那样的吗？非也！如果公司普遍都是精英的话，那么他们评价他人的时候，就不会用价值和功绩做评判标准了。明白了这一点，你才能知道，为什么非传统的职场策略是有益于职场晋升的。

我们都遇见过这样的现实，一些"庸人"看起来既没有天赋，也不具备创业的激情，但却收获了成功。我们总是认为，这是不公平的，不合常理的。但，存在即合理。我们无法开除那些非能力型管理者，也不能盲目地继续按我们之前的行事方式去做，而是需要更深刻地理解他们的行为。我们要"偷盗"他们成功的秘诀，以供己用。

/ 他们是如何成功的 /

公司刚刚起步的时候，管理人员并非都是非能力型管理者，会有很多很机灵、很懂行、富于激情和活力的，而且胸怀大志的专业人士。当公司发展到一定程度时，就会发现那些奇迹般地晋升为高管的人，似乎都是些既没什么专业技能、又没有工作热情的人，这是为什么呢？

公司在初始阶段聘用雇员都是看他们对公司的忠诚度。当然，如果公司不聘用和提拔非能力型管理者，就不会出现上述这种情况。人都有自我保护的本能，公司的管理者在聘用和解雇人员的过程中，都是根据自己的利益和喜好来安排的，如此，就会存在片面化，从而导致了人力资源的不合理更替，以及非能力型管理者的诞生。下面剖析一下这种最重要却有缺陷的雇用原则。

/ "适合这个团队" /

雇用职员的时候，"适不适合"成为一种荒谬的"传统"评估方式，对那些非能力型管理者有利，但却让公司招不到机灵且冷静的人。如果你在公司里见到过非能力型管理者，那么他们很可能是因为"合适"而被雇用的。这是我们在雇用职员的时候最喜欢用的一种貌似合理的误导式思维。每天，我们都会看到公司因适不适合而招聘和解雇员工的事。我们读过谷歌（Google）和脸书（Facebook）的故事，还有那些运动员和涂鸦艺术家的故事，且用这些寻常的故事来阐述这种我们认为不是最佳标准的聘用原则。

我们选拔员工的时候，会本能地避开那些比我们聪敏的人，避开那些可能对我们的成功造成威胁的人。我们更愿意亲近那些让我们更快乐，让我们的生活更加丰富多彩的人，因此我们雇用的人都跟我们自己差不多。结果就是，公司总是用同样的错误逻辑，做出糟糕的雇用决策。更糟糕的是，这种所谓的思维逻辑，总是认为"跟我们公司的氛围相适应"才是最好的。这种观念也是基于另一种牵强的思想，即我们现在的职场氛围很好，不希望有人来破坏它。碰巧，我就曾在两家糟糕的公司就职，它们宣扬的就是"保持我们的氛围"，将这一点当作宗教一样信仰，显然，这种艰难维持的氛围是无法长久的。

可以想象得到，公司总是根据"适合这个团队"而选拔雇员，必定会形成一种无法结束的轮回：尽管能力不足，只因为适合团队便被聘用。这些能力不足的人又招来了更多没有能力、但适合团队的人。显然，这种氛围只会提拔平庸之才，而不会提拔精英。

/ "大多数人一致的选择" /

"大多数人一致"的聘人原则可能毁掉一个公司，但如果你是一个非能力型管理者，这种决定对你很有好处。我不知道这种风俗开始于何时，不过现当代，如果你看中了某个人，但没有四五个人对此表示认可并支持，你是不可能让他加入你的团队的。

组成多人聘用团队，是很容易找到理由并站住脚的。有些过分依赖人力资源的公司，极度滥用这种"一致聘用"的原则。近期，我的一位朋友在应聘西捷航空的登机处工作人员时，需要经过25人的评审团的考核。这是体现这种聘用原则的一个典型示例。25个人怎么可能同时同意同一个人进入公司呢？事实上，大公司青睐人缘好的员工，以及最不可能引起不满和改变的人。

长期以来，我们都曲解了帕特里克·兰西奥尼③和其他伟大的组织集团行为领袖者的思想，他们都认为，控制住进入公司的职员是很重要的。我们告诉自己，自己看中的人能够与团队里的人和谐相处，就意味着他们更有可能对公司氛围产生积极的影响。不过这种观念真是胡扯。事实上，这种聘用机制的作用正好跟人们普遍认为的作用相反。

自己诚实地回答一下：什么时候群体性的招聘决策收获过真正的成功？让我做一条重要的区别：我说的是一致同意，而不是串通勾结，这是两种完全不同的概念。

我们都知道格式塔心理学派创始人所罗门·阿希④的实验，实验人员找来五个人，让他们待在同一个房间里，然后给他们看了两组线段图，线段的长度当然是不一样的。在被测试者进入房间之前，实验人员告诉其中四个，不要说长的线段更长，要说短的更长。实验开始，当这四位都说实际更短的那组线段更长时，不明真相的第五位被测试者居然犹犹豫豫地同意了。近35%的被测试者同意了不正确的答案至少一次。大多数人做出的决定并不对。大家合谋做决定更加不对。

按以上的道理，如果五个考官考察一群应聘者，你就能知道这种群体性决策的作用是怎样的了，但这种决策看起来却是合理的。考官会做出对现有团队破坏性最小、最有利于自己职业的决定。这种招聘原则不会让公司得到一个能让整个团队更进一步、让竞争更合理化展开的成员。这种群体性招聘仅仅是让我们更加维护自己的利益——而这也是对非能力型管理者有利的。

/ "更有经验的" /

人们没能成功地获得某职位时，总是说自己没有经验。按经验多少来评价他人，是因为我们很难验证别人真正的才华。然而，最有经验的应聘者不一定是最有才华的人选。经验丰富对任职显然是有利的，不过在大部分情况下，这一点也成了招聘者和管理者经常陷入的陷阱。确实，那些非能力型管理者共有的特点就是过于"有才"，大部分人都经验丰富，不过我可以肯定，这些经验并非真的对工作有利，而是那些公司曲解并看重的，并且用这些所谓的"经验"哄骗了一批又一批应聘者。以下是示例：

我打广告征收一位市场调查员，而且已经有了数位令人满意的应聘者，每个参与招聘的人都会重新查看应聘者的简历，他们将尽职尽责地做出选择。无疑，大家都会选那名有15年工作经验的应聘者。我不想跟这名应聘者扯上什么关系，其实，这样的应聘者最显著的特点就是富有经验。招聘者显然没有考虑这个人是不是够机灵，有没有领导能力和其他升职的才干。虽然我明白这一点，但其他人并不这么看。这种无能（但经验丰富）的应聘者几乎总是能得到职位。

招聘的时候过分看重经验很大程度上符合这样一条采购定理："没有人因为购买IBM（国际商用机器公司）而被解雇。"雇用最有经验的应聘者是保险的。人们做出的聘用决策通常都是自卫性的，如果你认可大家的选择，当然也会做出同样的决定。你知道经验不足但更有才华的应聘者对工作并不熟练，需要有人长时间手把手地指导。你知道只选择有经验的是不对的，但还是这样做了，因此，那个对非能力型管理者有利的循环便从不间断地循环着。

/ 他们是怎么成功的 /

前三个事例都是关于聘用流程的，因为这是让人们进入公司食物链的第一步。这些事例告诉了大家，非能力型管理者是如何进入职场的。我将再举一些事例，看一看他们是如何获得晋升的，职位空缺又是如何填补的。我们也会从中看到，那些对非能力型管理者有利的某些条件所产生的作用。

/ "从内部提拔" /

"从内部提拔"被误认为是公司鼓励员工的忠诚度而提拔员工的政策，但事实上是为了避免开销和竞争而施行的。在招聘时，审查招聘的过程非常严格，开销也就较大。当职位出现空缺的时候，公司普遍会提拔内部的员工，而不是从外部进行正式招聘。如果你曾经去应聘过某个职位，但却总觉得他们事实上已经定下了内部的员工入职，你就会明白我说的话。

从一方面而言，公司"从内部提拔"，能够激发员工们的斗志和他们对工作的热情与动力，能够给予员工升职的空间，这是很棒的。但从另一方面而言，与其花费时间和成本对公司外部的应聘者进行严格的筛查，不如从内部提拔员工，却又给了非能力型管理者一次良机。

虽然"从内部提拔"的举措貌似对员工有利，但问题是，这样的举措对什么样的员工最为有利呢？从我自己的经验来看，"从内部提拔"只是在重复犯同样的雇用错误，让能力不足的人得到升职的先机。"一致同意""经验"与"合适"在升职选择的时候都是同样被滥用。其结果，让非能力型管理者得到了提拔，而机灵却稳重的管理者可能被淘汰掉了。

/ "积极做到最好" /

"积极做到最好"也被误认为是职场晋升的准则之一。这条准则完全没有考虑到人事变更的条件。无论是否觉得荒谬，我们都曾多次听到过这样的劝诫，如果你能够坦诚地面对自己，你会承认，也曾数次对自己说过这样的话。我可以说，在刚入职的30至90天内，"积极做到最好"确实是很重要的。

天赋并不很好的某职位候选人，因为"积极做到最好"而受到上级提拔的，你听说过几位？不要认为，只要积极做到最好，就会有奇迹发生，现实中是不会有这种奇迹的。

"积极做到最好"，其实更注重员工对工作的熟悉程度而不是工作效率。但对工作熟悉程度高也并非会让员工的职位得到晋升，因为最熟悉工作流程的人通常是最先出现问题的人，虽然大部分人都对此持有疑问，但这种情况是确实存在的。如此看来，积极做到最好也就容易出现问题，其仍然是对非能力型管理者有利的。公司不会费尽心机地去寻找那个最有能力胜任职位的人，而是提拔自己所熟悉的人。因此，非能力型管理者再次赢得了晋升的机会。

/ "提拔贡献最大的人" /

多数公司都习惯于将对公司贡献最大的员工提拔为经理，这也是为什么那些从高中时就傻傻的家伙，会来管理你的全球销售机构。这种现象在销售行业和工程行业中普遍存在，我也发现，它摧垮的远不止一家公司。

出于某些理由，我们提拔那些工作表现优秀的人才总是觉得有压力，比如那些大部分时间都住在自己的家里，却懂得你的行业里所有知识的编程师；跟东海岸的大部分脱衣舞女上过床，但无论走到哪里都会给自己的产品打广告的销售员……这些人难免有这样或那样的问题，不过他们贡献突出，所以将这些人提拔为管理者。我们将这些人从团队的最大贡献者变成了无能的管理者，把"管理者"当作"奖励"给了那些个人表现突出的人——不过，大部分情况下他们都是不情愿接受的。

我们应该从心底里相信，个人表现突出的贡献者领导一个团队，这个人的某些好运就会转给其他员工。但很显然的是，大家都认为这种好运是没有用的。个人表现突出的人通常都是表现平庸的管理者。他们个人的好运气并没有转给整个团队。公司中，能干的员工就这样变成了非能力型管理者。

/ 好吧，那又怎样？ /

到目前为止，我们已经明白了公司是如何培养出非能力型管理者的，与此形成鲜明对比的是，我们的媒体总是将公司当成了一个合理的机械化的社会机构。不过你自己的经验也会告诉你，媒体所说的并不是真实情况。你持有的精英观念是错误的。

于是，问题就变成了：如果公司做出的聘用决策放弃了那些有激情、有动力又明智的人，那我们该如何扭转乾坤呢？

思维错误：
为什么你总是做错选择

虽然就职的第一目标就是升职，但是许多人都是被动接受提拔的。我们都错误地认为，辛勤努力、天赋才华，公司总会发现的，并为此奖励我们，因此始终根据这一错误的逻辑而努力工作。事实上，公司并不看重这种如搞慈善般的职场策略。我们需要改变自己优先考虑的事情，这样才能在职场上平步青云。

　　多年来，我就一直受这种职场陷阱的困扰。我所重视的目标都是不对的。在我看来，职业的首要任务就是履行承诺。我几乎从不迟到。我所做的项目都是高质量地完成的，我从不偏离自己阶段性的目标。工作表现是我存在的理由，我将花90%的时间致力于此。对我来说，第二重要的任务是管理好自己的事务。我可能抽5%的时间来做这件事。对我来说，这个事务就是市场营销，如果我有空闲的时间，我会利用做好这些事件来成为一个更优秀的销售人员。但我从不冒险去做与我的专业领域无关的事。最后5%的时间，我都用在了人际关系处理上，而且都是跟我同级别的人员打交道，建立同行合作网络。我现在才意识到，这样的排序是错误的，其后果会打乱我的事业。接下来的一个合理问题是，为什么会这样？

/ 为什么都想"吃天鹅肉"？ /

如果你现在跟我刚入职的时候一样，那你肯定也错排了自己的重要目标。你很可能只关心自己手头的工作，而没有过多考虑升职的事。你们要明白，这两者是完全不同的——手头的工作和升职，虽然两者的关系很微妙，但是最重要的是理解它们的不同之处。日常的工作是为了完成公司制定的目标，而升职则是达成自己的个人目标。虽然我们可能会认为，只要完成好手头的工作，自然就会升职，但实际情况并非如此。

我很抱歉告知你们这个坏消息，但你们的公司确实不关心你们的升职情况，公司的首要目标就是维护股东的利益。确实，你们是不是升职，跟公司本身没有关系，自然也不会被重视。股东利益才是公司决策的北极星。这也是公司用于解释大量解雇员工、公司重组以及做任何与员工利益相违背的所有事情的理由。但是不要理解错了，我并不是说这样的行为不好。我希望我持股的公司也这样做，因为这样是正确的。我们是走错了路的人，每天去工作，都希望尽我们所能将公司利益放在首位，和同事们团结协作，去赢得商场竞争，创建一个很棒的大公司。但我们都做错了。

但，公司的首要目标是股东利益，你的首要目标不也应是"股东"利益吗？这一点当然是根据我们所说的"股东"而言的。我们大部分人所犯的错误，就是认为自己应该关心的股东就是公司所看重的股东。你的首要关注目标是你的"股东"：你自己、你的配偶、你的孩子和宠物。他们是投资于你的人，而不是华尔街的银行家、风险资本家和大公司。

是的，你所在的公司可能会派送你股票购买权，以便将你的个人利益与公司的利益挂钩，但这样做仍然改变不了你最重要的目标。让你努力奋斗的目标应该是升职，而不是日常的工作。你只有升职了，才能收获更多的金钱和其他利益，赢得度假的时间和退休的补助。除非有人发现了你优秀的日常工作表现，并为此奖励你，不然平常的工作无法给你任何想得到的利益。而通常，没有人关心你日常的工作表现究竟如何。实体公司可能会因为你高效率的工作表现而获益，但公司里的人都在完成自己的工作，他们都注重自我保护、职业安全以及自己的升职。你平常的工作表现跟他们没有任何关系，并不会促进他们努力工作。与此相矛盾的是，公司的决策都是由公司里的人来做的。实体公司并不做决策，做决策的是人，他们决定了你将升职还是被解雇。将完成公司的目标作为自己的职场策略是不对的，这种策略违背了人文公司动态学，没有遵循它的规则。

/ 兴盛期？ /

你所在公司的成功并非你个人事业成功的先决条件。这个真相很难让人接受，不过认识到了这一点，会让你改变自己的工作方式，以及你迎接任何积极或消极境况改变的态度。我可以用我自己的经验告诉你，我大部分的升职都是在公司业绩不好的时候，而不是业绩良好的时候。这条原则是大部分非能力型管理者获得不可思议的晋升机会的主要缘由，而此时你却还在云里雾里，搞不清状况。非能力型管理者当然不关心公司业绩的好坏，你也不应该关心这一点。

不过你可能会问，公司成功不是所有人都能获利吗？如果公司成功了，我们岂不是也都成功了吗？对这个问题，我会用一个未受到充分利用的"森林遇熊事件"来反驳：在森林中遇到了熊，我不需要跑过熊，我只要跑过你就好。按我自己以往的经验，公司不成功时比成功时所提供的机会要多得多。如果公司的运营情况良好，所有人的工作都顺风顺水，那么你跟公司其他同级别的管理者竞争的话，没有任何优势可言。你只是获得了恰当的提拔，你并没有赢得竞争。在公司不景气的时候，你如果创造策略性的机会，自然就会获得升职。公司的竞争并不是你们的竞争。你们的竞争是你跟同事间的竞争，你需要做出比他们更优秀的成绩来赢得竞争。

　　对大部分聪明又认真尽责的人而言，他们也是很难接受这一点的，不过正是由于如此，那些非能力型管理者才成为了强劲的对手。如果你浪费时间和精力去让公司成功，那么非能力型管理者就会来挑你的错，并趁机抓住升职的机会。结果就是，他升职了，而你还需要等待。令人难过的是，最好的职场策略就是要利用乱糟糟的时刻，抓住这一有利时机，而不是兢兢业业地为公司成功而努力。如果你换用这种思维方式，你就要学会判别，你是否在按规则行事。如果你懂得了这个原则，并按照它去做，你该如何分配自己的时间，你该如何开始自己的工作，你该如何看待你的同事？如果认真努力完成自己的工作不是职场制胜的策略，那么，什么才是呢？

/　我们是怎样赢的？　/

　　施行职场的制胜策略和努力工作有一条根本上的不同之

处。你是要先完成自己的日常工作，还是先抓住机会升职，这两个目标的排序很重要。如果你对本书的内容不太确定，我可以在这里向你做出保证：本书的内容是关于制胜策略的——是能让你真正出人头地的。职场的制胜策略，就是熟悉你所面对的对手，用自己的策略做出最好的成绩。跟教科书和传统的理念所持的观点不一样，这不是一场能在空地上举行的比赛竞争。在下文里，我们将看到这场"竞争"中所遇到的对手。我们将举出一些最常见的非能力型管理者、机灵且稳重的管理者和那些"迷茫人士"的事例。这也是我们了解这场"竞争"的开始。

第三章

Chapter

3

谁才是真正能爬上去的人

既然我们已经了解了竞技场和你制胜所需要的精神宝典，那现在就该来观摩你们的竞争了。许多中层管理者都不把自己的同事当成竞争对手，但他们显然也都希望获得升职。升职的机会很多，合适的人选也有很多。通常我们要等好几年才会等到一次升职的机会，因此，我们需要的是能让我们赢得升职竞争的制胜策略。

　　正如我们之前所述的那样，制胜，并不是由人的天赋和职业道德所决定的。各行业的胜利者各不相同，他们使用的策略也不一样。事实上，曾与我共事的管理者，仅有半数是能力非凡的，另一半人的制胜策略跟前者完全不同。

／　获胜的人是谁？　／

　　现在，我们来看看公司里的管理层人员。这些人中，有多少人是你希望能够取代的？他们中，有多少人获得如今的职位是因为注重结果，并展示出了对自己工作的热爱和激情的？他们中，有多少人看起来似乎毫无能力，没有职业道德，智商也不高？

我们先停一下，因为我们总是会用这样的假设来自欺欺人：

"嗯，也许是因为他发现了问题，而我什么也没注意到。"

"唉，只要继续努力，我也会像他一样的。"

"好吧，只要耐心等待，一切都会变好的。"

如果你一直都持有这样的想法，那我友情地提示一句：你所说的都是错误的。你更应该问问自己：

"我应该效仿这些人的哪些行为模式？"

"如果这些人如此就获得了成功，那像我这样机灵的人应该怎么做？"

"我要怎样才能变得跟他们一样？"

如果这只是偶尔才发生一次，我们会将非能力型管理者的晋升当作反常事件。问题是，这是一条规则，而不是特殊案例。我回忆了一下之前工作地方的管理层人员表，毫无疑问，我当然看到了一些合乎情理而产生的明星人物，不过他们周围的环境都是"三人组"式的公司。如果努力和尽职就是成功的关键，那么就不会出现这种状况，其出现另有缘由。

/ 他们在哪里? /

你可能会问："这类人不是只有真正糟糕的公司里才有的吗?"

这个问题很直接。我确实曾在几家非常差劲的公司里工作过,但我也曾在大公司里就职过,其中两家被高价收购了。事实上,我曾为各种各样的公司工作过,我也期待能够为更多公司服务,大公司、小公司、刚刚起步的新公司,无论哪种都可以。无论你在哪里工作,你都能看到特别多高薪的公司管理者,尽管他们天赋、工作热情和职业道德都欠缺,但却收获了事业上的巨大成功。

假设你的工作经历跟我类似,就再次扣心自问:为什么那些人获得了他们所渴望的成功呢?

第一个理由,正如第一章所述,是因为公司的工作氛围而产生了这种现象,这是公司"基因"所决定的。公司管理者做决策的方式为那些无能力的人生存创造了一个安全的避难所。

第二个理由则是,非能力型管理者已经有了一套在这种环境下获得成功的特殊策略。他们的策略完美无缺,他们并不依靠才干和智慧这些稀有的资源来获得成功。他们是这个"竞技场"上能够轻松取胜的群体,而我们这些人都需要努力才能生存。下文，我们将评估三种最常见的非能力型管理者类型，并将深入他们的内心去了解一下，为什么他们存在缺陷和不足，却收获了巨大的成功。我们将把他们的"最佳策略""偷"到手，并用于"构思新策略"——将他们的策略用于自己的工作中。但在了解他们之前，我们还得先花一点时间，更好地了解自己。

在这一部分里，我们将更深入地了解聪明却不够机灵的人，很多人可能都认为自己是这类型的人，这将让我们在"构思新策略"之前，更好地认识我们现有的缺陷，并对其做出正确的评估。

/ 三种聪明却升职慢的人 /

如我一般，感觉自己是聪明却升职慢的人总是恼怒于，长期的努力、敏捷的思维和洋溢的激情为什么没能让自己在公司里出人头地？这些人跟后文中所说的"迷茫的人"不同。很不幸，这些"迷茫的人"没有太多机会甚至可以说毫无机会出人头地。相反地，聪明却不够机灵的人却拥有无限的可能，他们只是没有按照相应的规则行事而已。

过去的五年里，我曾经分析研究过那种聪明却升职慢的人，并将他们分作三大类型。这三大类型的人有一些共性，不过他们又有各自独特的缺陷，这些缺陷会让他们的事业一直停滞不前。他们可以分为如下三大类型：

1. 达人型

2. 事业型

3. 工头型

/ 达人型 /

聪明却升职慢的人的第一类是达人型，许多读者可能都认为自己是这种类型的。这种类型的人非常讨人喜欢，因为他们总认为，职场中总有额外的收获，而且他们总误认为，自己的职场策略是积极的，是对自己有利的。我可以肯定地说，这并不是多么棒的职场策略。

我们总认为达人型的人是经历过苦难考验的人。他们会挽起袖子大干一场，完成当天的工作。他们不断努力以解决某个问题，如岩石一般坚毅。这些人是公司集团的基本构成部分，每位管理者麾下至少有一位这样的职员。管理者的管理能力越弱，他就越依赖这样的职员。

无论你对"达人"的标准是怎样定的，乍看之下，你可能认为成为达人型的人对你的事业有利。如果你希望自己的工作有所保障，那就得做一个达人型的人，让自己成为一个小管理者，然后在职业生涯中不断解决小问题。如果你够幸运，抓住了合适的机遇，你甚至能够获得升职——最终实现自己的梦想。但是，这种职场策略就像那些把自己送到鲨鱼嘴里的小鱼一样。如果你设置了更高的准则，希望凭自己的力量获得成功，那么成为达人型员工就是一个死胡同。

首先，作为一个达人型员工，你的职场成败太过依赖你所属的上司，他们通常都会假扮成导师的样子出现，而你是上司的得力助手。你告诉自己，如果某天他得到了升职，那你的付出也会获得回报。虽然这种情况偶尔会发生，但这显然不是你能够控制的，这并不是一条对你充分有利的职场策略。你是一个达人型的人，只是运气好，没有遇到糟糕的上司，你简直是白费了三到五年的时间去达成自己的错误目标。

其次，成为达人型的员工，即便获得了升职，你的职场之路也不会有太大的改变。曾经，我也是我的一位上司手下的达人型员工，我一直忠实于这位上司，有人建议让我去别的部门工作，但我的这位上司不愿意，于是他也就没有放我离开。那时候，他说，我对他非常重要，我并不适合组建自己的团队。如果你是这类达人型的员工，那你可以确信，你的上司不会主动寻找机会让你升职，或把你调到别的部门。我近期也对我的某位员工有这样的想法。尽管这借口听起来并不怎么高尚，但这就是人的本性，没有人能够免疫。

达人型员工的角色最让人喜欢的地方，就是大家都需要你，这让达人型的人感觉良好。达人型的人这一路走来肯定会遇到重大的事务，就像参加董事会或向高级客户做报告之类的。这些特别的事务让我们感觉自己很重要。更糟的是，处理这些事务时，我们都认为得到了重视，可以升职。不过很抱歉，我要告诉所有的达人型员工，这些不过是你们的幻想而已。成为这种类型的员工事实上会减缓你的升职过程，并把你禁锢在那个不愿意让你升职、离开的上司那里。

/ 事业型 /

第二种聪明却升职慢的类型就是很有事业心的人。由于我们开始集体崇拜如史蒂夫·乔布斯和马克·扎克伯格这类人，所以我们也就都成了这种类型的员工。我认为，这是你的职业生涯中最为危险的一个角色。我们许多人都认为自己是下一个引领变革的创新者，因此我们每天工作的时候都用心扮演这样一个角色，希望某天人们能够发现我们的价值。我的职业刚刚起步的时候，就是这样的一个职员，而且我也不明白为什么人们都认为我是个蠢货，不明白自己为什么没有出人头地。虽然这种情况不如上面达人型职员那么常见，不过这对你的职业生涯的危害却是以上达人型角色的两倍。成为达人型职员，会让你的职业生涯停滞不前，甚至于你的事业会被它击垮。虽然我早就放弃了成为有事业心的职员的策略，但我知道我妻子就是这样很有事业心的人，我们俩一起努力，以使自己不至于如此。

我再重新给这类有事业心的人定义一下：可能有的人具有这类有事业心人的某些特征，自己却察觉不到，而这些特征对你们的事业有害而无益。有事业心的职员总是对公司有某些想法和期待，一旦认定了这些想法和期待，他们就会说出来，生怕别人不知道。想一想甜心先生杰里·马奎尔这类的人，他们总是在跟人争论观点，让人们参与各种会议，争论他们的理论和观点是对还是错，并为自己的行动计划做安排部署。他们总是向同事们抱怨发牢骚，说没人能够理解他们。

对自己的观点和事务倾注太多情感并不是职场制胜的原则。除去极少数的例外，公司里最成功的人是善于分析的人，而不是富有工作热情的人。赢到最后的管理者总能够辩证地看待问题，无论最初的理念观点是谁提出来的，他都能够接受。他们对一切都保持客观冷静而不是热情满满，按我的经验来看，这才是对个人职业生涯更为有利的。

人们总是容易落入这样的陷阱，总是很在意自己的想法，一旦别人接受了你的想法，就感到满足，而不去思考怎样的行为才对工作有利。我见到过许多对工作积极热心的管理者拼命维护自己所看重的某种理念。只有在付出了一定的代价之后，他们才会去考虑自己这样做是否值得。我可以肯定，非能力型管理者并不在乎自己用的是什么理念，不过他每次都能够获得胜利。

有事业心之所以是错误的策略，就是因为这样太过于执着。这一策略的优点就在于，你可能会想到一些真的很棒的主意，你的上司对此非常看重，这样他们就会原谅你偶尔做出的不好行为，并且提拔你。不过事实上，这种情况极少发生。从另一个角度而言，你对某种理念太过热忱肯定会造成什么不好的后果。这会让那些能够影响你职业高度的人疏远你。成为有事业心的职员是一条对你的职业根本无益的策略。

我跟朋友和客户谈到职场策略的时候，这一条也是最具争议性的策略。每一次，我都会遭到反对：

"你是真的不赞成对你的工作积极热心吗？"

"你的意思是，史蒂夫·乔布斯对他自己的理念并不热心？"

"我看过关于脸书（Facebook）的电影，扎克伯格的一生都是富于活力和激情的。他为了达成自己的梦想，不断地打败他人，把他们一个一个地比下去，这对他而言真是很棒的策略，不是吗？"

在职场新手中，99.999%的人都不是史蒂夫·乔布斯或马克·扎克伯格这类的人，因此，他们所使用的职场策略可能并不适合自己。职场新手要的是职场的制胜策略。我再说一次，是制胜策略。你的事业就是一次竞争，你可以用你想要的任何方式去竞争。对乔布斯而言很棒的策略，并不意味着那一定适合你。这种策略虽然很吸引人，不过它却更可能让你失业，而不会让你升职。

/ 工头型 /

最后一种聪明却升职慢的就是工头型的低层管理者，我们通常认为，这类人的事业一定是稳步发展的。事实上，迫使别人承担责任，就会在职场上树敌，但是很多人不这样认为。正如这个名称所示，工头型的人对别人的要求很多。这种类型的人总是在催促他人，总是要求别人负责，让周围的每一个人都努力工作。这种类型的管理者容易冲动，与别人容易产生矛盾，而且总是会把局面弄得很糟。

这种类型的管理者我非常熟悉，不只是因为我自己有这样的特性（如果有什么区别的话，那就是我太过积极了），而且我的妻子也是这样的人。她是一个典型的工头型管理者，而她的这一策略多年都未能给她带来什么好处。我应该给你们一条告诫：这世间有一些适合工头型管理者生存的集团组织，不过这些集团组织为数甚少，而且仅限于特定领域的组织机构。我的妻子在时尚出版机构工作时，成了这种类型的管理者。十多年的时间里，她一直在磨炼自己在这方面的管理技巧——就像影片《穿普拉达的女王》的女主角一样。这是一个残酷的行业，老板很挑剔，稿件只有认真审核才能通过，而时间又有限定，必须尽快交稿。现在，假设你已经在这一行业干了十年，然后进入了一家有50年历史的零售公司，或者是某种新生技术的公司，并且你使用的是同样的职场策略，这就是职场灾难的处方。

虽然工头型的这种策略在时尚领域里很管用，但在你的普通公司里却不管用，其中有三条理由：其一，大部分集团公司都习惯于使用天赋平庸的人，你自己的经历就能验证这一点。因为人们都倾向于自保，那些天赋平庸的人，都聚在同一家单位里，就形成了一种不喜欢工头型管理者的氛围。不作为的人数量超过了勤于工作的人，那么让所有的人都承担相应的责任，让人们努力完成工作任务就成了一种反正统的文化氛围。这就是说，这种类型的管理者总是违反自己的意愿行事，这也让他们很难升职。

我的妻子曾经被安排到性能改进计划、解决冲突的工作中，但她的实际表现却与该工作的目标相反。在多家公司中，我也曾数次见到过这种情况，大部分情况下，大家探讨的问题非常专业化。但在现代的公司环境中，"让人负责"就是在"制造矛盾"，而"让人专心完成任务"就变成了"难以相处"。大部分公司集团虽然愿意相信某些矛盾冲突是无害的，但它们对健康的冲突矛盾的容忍度很低。这真可谓是现代集团机构生活中非常令人悲哀的现实，也是我们许多人所忽略了的一个方面。明白了这一点，如果你是这种类型的职员，或者有这种思想倾向，你就要做出改变，除非你的职业是适合使用强硬的管理手段进行管理的极少数职业。

多年来，我见证了我妻子工作中遇到的诸多挑战。我也跟她探讨过，正确地区分合适的升职方式和最理想的升职方式有多么重要。是的，你的同事们应该试着去做对整个集团组织有利的事。是的，每一次接到任务，他们都应该努力做到最好。不过现实中，他们确实如此做了吗？没有哪家公司是这样的。大部分人都只想要生活幸福无忧，工作稳定保收，每晚都能按时回家休息。大多数人不会努力做出最好的表现，也不希望上司催促得太急。

因此，如果你是工头型的管理者，而你也怀疑自己为什么一直得不到提拔，这原因就是你让人觉得难受，大家都不喜欢跟你一起工作。既然你一个人敌不过那么多人，那么你显然无法得到提拔。人们大都喜欢跟各方面和自己差不多的人、自己喜欢的人一起工作。管好自己的工作却不被他人喜欢，这样的策略可不好。我也明白，我所认识的非能力型管理者，他们大部分都是很可爱的，也极少逼迫他人工作。

你可能发现自己具有上述这些聪明却不能升职的人的多种特征。你所从事的行业，以及你所就职的公司集团，可能要求你比其他人付出更多。毫无疑问，这些特质对你的职业的影响都是中性化的，当然无法助你在职场平步青云。因此，无论你感觉自己是工头型的人，还是事业型的人，或是达人型的人，都请安心，你具备升职所必需的所有潜力。接下来，我们将把那些制胜的策略都记录下来，它们能将你的原生天赋与非能力型管理者的最佳战术结合起来，这样的结合会让你势不可当。

接下来，我们将看看三种非能力型管理者，我们将见识到，他们不依靠熟练的技能，不依靠自己太多的努力和热情，是如何使用独特的策略，让自己平步青云的。

/ 三种非能力型管理者 /

尽管我自认为是聪明但升职慢的类型，但我敬畏非能力型管理者。如果你选择接受，那他们所掌握的秘诀能够让你在职场收获成功。我们很容易看不起非能力型管理者，我自己就曾一直看不起他们。不过这都是出于嫉妒，如果持有这种态度，你根本就看不到对你的事业有价值的东西。非能力型管理者对自己工作中的决策问心无愧，且不考虑任何传统意义上的"制胜宝典"，这一点值得我们仔细钻研，而不是嘲弄。自从开始研究他们的"制胜宝典"以来，我的事业也开始进入水涨船高的阶段。非能力型管理者的故事都有自己独特的光彩，他们有如下三种典型特点：

1. 万事通

2. 顾全大局者

3. 表里不一的行动派

/ 万事通 /

我们所考察的第一类非能力型管理者是万事通，你在所有公司中都能见到这种类型的人，且不会把他们跟聪明却升职慢的达人型的人混为一谈。这两者有很多重要的不同点。能将这两者区别开来可能会帮助你升职，否则你就只能一直停滞不前。

万事通型的人看起来是全能型的人才，那些看起来很有价值的事情，他们处理得很好，但具体做某件事，又难以做好。他们善于推销自己，裁员对他们没有影响。这种类型的人总能够得到工作，公司的情况越糟，他们似乎就越有价值。

万事通型的人在充满变数的时候努力拼搏，升职的机会成熟时，也正是状态最佳的时候。他有足够的技能去对任何人施以微小的帮助，也就是说，这类人能够抓住出现的任何机会。当其他人都在抱怨周围环境的变化对自己的影响有多大时，万事通型的职员则抓住了出现的机会。诚然，他的工作意义并不大，但是这没有关系。按照我的经验，当组织机构正准备变革时，90%在于人的态度，10%在于人的能力。

在我的职业生涯中，我有幸跟很多万事通型的人一起工作过。事实上，刚入职的那一两年里，我曾跟万事通这类的人工作过。从字面定义来看，这类人应该什么都会，但在我看来，他们也并没有什么特殊的管理才干。这种管理者在整个组织机构中游走，试图填补空缺，并开展相应的项目，试图做出足够多正面积极的努力，从表面上来看，他的贡献似乎真的对整个机构有积极的影响。但接下来，一旦他获得了自己所想要的，他就会停止继续做贡献，更糟的是，他还会对整个机构产生破坏性的影响。不过在真正的灾难开始之前，总有其他的什么事引起他的特别关注。我跟那种人工作的时候，他负责市场、IT和机械工程，并在三年内独自运营这家公司。每次遭遇危机或困难的时候，他总是做好所有的准备以便大干一场。然后在他踌躇的时候，下一次机遇就自动送上门来，这就像是一场职场魔术。

如果你在问自己：我怎么能成为一位万事通类的职员？这就需要你对所有事情都有基本的了解，知道在恰当的时候跟专业的评论家分享自己的观点，而且一旦出现了机会，就会做好一切准备去好好把握。我所认识的所有这类型的人都有一种共性，即很自信。他们总是在找寻新的机会去收获更大的战果。他们是职场能人的代表。即便在没有理由相信的情况下，他们也仍然相信自己能够获得胜利。困难的是，成为万事通型的选手像是一门艺术而非学科，需要多年查询谷歌和维基百科，以更新自己的资料库。在接下来的数章里，我将介绍万事通型的职员们使用的几条策略，你们不妨将其运用于自己的工作中。

/ 顾全大局者 /

此类非能力型管理者是很顾全大局的，他们无论从思想上还是精神上都远远超过一般的职员。这种类型的管理者跟我们之前所述的那种工头型管理者截然不同。我个人对他们很感兴趣，而且大部分时间里，我都试图像他们一样行事。这类人在职场上出人头地，并不是因为他们够专业，而在于他们能够充分利用未受到重视的资源。

这类人忽略掉分析和处理的细节，也从不对任何事务或理念产生情绪上的共鸣，他所做的远不止如此。这类人开始和结束跟人的交谈时，总会提到集团机构的最高目标，无论那是个多么不起眼的事物。你从未见他太过热情地表达什么观点，他面对的问题似乎都有好几种不同的选择需要考虑。

你可能认为，这并不是非能力型管理者的特征，这是一种很棒的职场策略。事实确实如此，但也不尽然。是的，这确实是一条很棒的策略，但很少有人行之有效。这种情况的不同之处在于，顾全大局者创造了一个客观的假象，不论实际情况是怎样的，总认为自己的工作是完成得最好的，总有各种想法出现。这种策略太过强大，它能让人规避被评价为无能的风险。

顾全大局者天赋有限，也极少想出很棒的主意，他自己也明白这一点。他悟性很高，总能想到事物可能呈现的各种状态，这也就意味着他总是有多种策略可以选择。在做出选择和各种情况分析时，他的回答，总让人认为是经过深思熟虑的，而且还因此受到赞扬。而事实上，这不过是掩盖了他根本不知道正确答案的真相。

这类人从不表明自己的观点态度，而是为所有人提供选择的可能。这是一种很不错的把握决策的陈述方式，而我也将这一策略放进了我的"策略"里。你只要借助于其他人就能够得到帮助，那为什么还要去冒不必要的风险呢？然后，当你的策略让你获得成功时，别人自然会发现你的才干。如果失败了，别人也都明白，你已经提供了所有资源。这对那些非能力型管理者而言是一条双赢的策略，而且它也不需要你有多高的天赋，或付出多大的努力。

除了冷静客观，这类人说得最多的就是"这个团队"。这是避免冲突矛盾并转移自己的职责的最好借口。如果他的行事方式和理念遭到了批评，顾全大局者通常不会直接反驳，而是说类似下面的话：

"我们知道，公司今年追求的利润率是60%，我们对此有多种选择，第一种选择是减少开销，精简管理，第二种选择是增加税收，以获得更多利益。两种选择都是很合理的，我知道，这两种选择都既有支持者也有反对者。"

而事业型的人做出的回应却恰好与之相反，如下所示：

"我也不知道该怎样让你们明白，增加税收是我们成功的关键步骤。我已经仔细查过资料，而且整整一周没有睡过了。我们必须执行这一策略，不然就会失败。"

事业型的人把一切都看作是自己的，而且用一种极端的态度跟人交流，如果升职是人主要的目的，那具备事业心这种策略更比不上顾全大局者的客观冷静的视角。

/ 表里不一的行动派 /

最后一种类型就是表里不一的行动派。不要跟其他类型的人混淆了，公司里的这种管理者是披着羊皮的狼。在前文所列的三种管理者中，这类人是最难分辨的，因为他们总是在公司附近活动，而且很有承受能力。最重要的是，我们要学会区分真正的被动攻击性人格的人和一个表里不一的人，你只会觉得前者很讨厌，其实后者才是最大的威胁，而且他们志在取胜。

这类人之所以在公司中获得优势，是因为他们创造出了优人一等的假象。无论别人是否需要，他们总是故意找机会去给予指导，好像自己真的比别人更加优秀似的。跟所有非能力型管理者一样，这类人获得升职也不是依靠自己的天赋和工作表现，因为他们还没有那么高的技巧，完美地表现出以上的才能。但是他们已经开始行动了，其他人只好采用别的策略来获得升职的机会。

这类人总会避免冲突，这是他们的行事法则。他们很努力地在公司里赢得仁爱之名，他们也不任用负责任的人，也不逼迫他人。人们都认为这类人是支持自己的，是乐于帮助同事们解决问题的，其实，他们只是表面上看起来如此，内心却另有所图。

这种类型的人故意做出一种比他们打算帮助的人更加优越的姿态，寻找机会让高管们知道，他们在给自己的同事做指导。他们就这样让别人都认为他们比他们所帮助的人更有能力、更优秀。通常，并没人提出需要帮助。这不过是表里不一的人的想象而已——他们认为，在那些能帮他们升职的人心中，自己才是至高无上的领导者。

几年前，我有机会在一家公司任职，这家公司里的人大都是这种表里不一的人，好像公司前门有欢迎这样的人入职的告示牌似的。你成为这类人的"猎物"的最大警示之一，就是他们来参加你们的会议，美其名曰"帮忙摆脱困境"或"维持现状"——表面上看是帮忙，实际上是想忽略掉你获得的成功。会议只邀请了5个人参加，但实际参加人数却增加到12个或者更多，这种情况很常见。这种表里不一的人就像是想要吃将死的野兽的秃鹫，这个集团机构就像是非洲南部的喀拉哈里野生动物保护区。

因此，下次有人提出要帮你回顾工作情况，让你的工作任务正常进行的时候，不要盲目接受，要先思考一下他是否有什么动机。如果没有明显的收益，人们极少会愿意承担额外的工作。这个假模假样的好心人很可能是在找机会让人们知道，他是怎样挽救局面，让你的上司高看他一眼的。

一个人是怎么做到表里不一的？你就做不到？要记住，非能力型管理者们并不是非常优秀的团队管理者，而表里不一的人缺点更多。接下来，我们将要仔细考察他们的优点，并将之收归己用，而剔除掉其所有的缺点。

/ 三种"迷糊"的人 /

很重要的一点是，我还要举出你们在职场能看到的其他几种类型的人，你们通常会把他们跟非能力型管理者和机灵却升职慢的管理者混淆在一起。我虽然对前两种管理者有崇拜之情，并且认为他们有机会升职，却认为最后这种"迷糊"的人是不可救药的类型。这类人即便在职场遭遇了挑战，也完全不自知。这类人尤其没有自我意识，他们无法用有意义的方式去获得升职。

"迷糊"的人会变成非能力型管理者吗？可能不会。这类人没有必要的策略和头脑，无法克服自己天赋不足的缺陷，也就无法获得升职。"迷糊"的人能够变成机灵却升职慢的管理者吗？肯定不行。一个人不可能凭空就具备了才干和智慧。

不过，在超越自我之前，我先要提醒你们，偶尔，你们也会在自己身上看到"迷糊"的人的某些特质。但这是你们犯的错误，并不是因为你们水平不够。因此，如果你偶尔因自己的"迷糊"而烦恼不堪的话，其实这大可不必，你能够克服自己的弱点。但如果以下描述的特征你都具备了，那我想你就真的迷糊了。

我们举出三种最常见的"迷糊"的人的类型，以此来更好地理解，为什么他们会有这样致命的缺陷，如下所示：

1. 社交活动组织者
2. 散播谣言者
3. 不改变的人

/ 社交活动组织者 /

公司内部的这类人，就跟你们高中时的学生会主席和啦啦队队长以及毕业舞会的主持者差不多。我猜，他们也是野餐聚会的主要组织者，很可能还会玩极限飞盘这类的游戏。显然，这种类型的人忘记了做个备忘录提醒自己，高中生活和职场生活的游戏规则是不同的。他们仍然希望，热心组织集体活动能够增加自己的职业分数。他们没有认识到，其他人并不看重这方面的特质。

这类人无法在职场上出人头地有两种原因：其一，在其他人看来，组织社交活动也是向上司谄媚的机会。这个理由看似无情，但你一定要明白，你要靠创造一个良好的管理者形象，而不是活动组织协调者的形象，来获得升职。虽然你们集团组织内的管理者们，可能会因为你尽职尽责地组织社交活动而表扬你，但他们不会因此而提拔你。其二，则是因为这种活动其实并不重要。如果你花费时间和精力策划组织这样的活动，那你就没有时间和精力去做好自己应做的工作。这两者你不可能同时完成。

那你可能会问，公司和组织的文化和氛围又该怎么办呢？建设良好的氛围难道不重要吗？

老实说，氛围并不是靠组织社交活动来创建的。真正的公司氛围和文化跟公司内部的活动没有关系，真正的氛围和文化是关于公平与机遇、透明度和信任度的。当公司内部需要调整的时候——如提拔人员的时候，这类人是没份的，裁员的时候，这类人是最佳人选。

这种类型的人很少能够升职到中层管理者之上的位置。难道你认为，我的意思就是你不应该参与任何集体社交活动，做一个顽固守旧的家伙？完全不是这样，我的意思是，不要成为这些活动的组织者。你应该参与工作社交，因为这是跟大家打成一片的良机。但是要确保，你在社交活动中也要把握好分寸。

/ 散播谣言的人 /

这种类型的人是"迷糊"的人之中的一个特例，在现实中，我确实见到过这类人扭转不利局面，并获得成功的事例。然而，这通常需要人自身做出改变，或换一个新的工作环境。

这种类型的人只在中低层人员中活动，他们在低级的管理者和职员中游走，不断传播着高层管理者的谣言，对他们说长道短。他们似乎总是有理由抱怨。因为他们极少有机会升职，所以这些谣言也只能在他们这个阶层不断传播。

看看你的公司，找出那些总是一起闲坐，一起参与活动，似乎总是在对某人表达怜悯之情的人，这些人就是散播谣言的人。每家公司里都有这样的人，你自己可能也陷入过散播谣言的人的圈子。他们聚到一起，总喜欢抱怨和传播谣言，而且与跟你有同感的人闲谈抱怨，感觉真的很好，不过这也是一条让人走向失败的职场策略。

我给朋友和客户的一条最重要的建议就是，无论在什么情况下，都不要传播关于工作的谣言。这是一个典型的逆否命题。我的意思是，跟你的同事们一起传谣抱怨不会给你带来任何好处，只能够让你暂时得到精神上的满足感。人们看到你传谣抱怨，这对你的事业有害而无益。传播关于工作的谣言就像是玩二十一点的游戏，如果你赢了，那你就能够拥有自己之前的赌注，但如果你输了，你的钱、房和车就都赔给别人了。你最好是保持中立，不然你就会一败涂地。

传播谣言不会对你有任何好处，因为跟你一起闲扯的人不能帮你升职，而你所抱怨的人却有权决定你的成败。不要陷入这个陷阱里。

/ 不改变的人 /

这种类型的人真的就是凭习惯行事的动物，他们完全按照规则做事，似乎那是他们工作的能量来源。通常，他们长时间地担任某个职位，总是带着规划方案这类的文件，看起来好像很关心同事们是怎样工作的，而不关心为什么要做那些工作、想要达到什么目的。

这类人看上去总是非常平静，除非有什么大事发生，如公司重组、收购，有新的政策出台，职位发生了变化，公司高管变更等。你可以想到，改变对这类人而言就是毒药，会使他们在复杂多变的环境中无法生存，这也是他们无法升职的最大原因。以我本人的经历而言，公司变革的时候是升职的最好机会，这种情况下，墨守成规、不思改变的人才是最糟糕的。

公司被收购或遭遇其他破坏性的变革时，大家就会陷入混乱之中。大量的职员被解雇，职员和管理者的身份发生了改变，且公司还采取了新的事务处理方案和策略。整个局面乱成一团，许多人，尤其是那种墨守成规、不思改变的人，都无法把握这种不确定的时期。他们不会采取策略抓住机遇，而是与变革派为敌。不过这就像是小鱼过激流一样——因为改变的力量实在是太大了。面对这势不可当的改变之潮，你唯一能做的就是放弃抵抗，顺应潮流。

你可能在自己的工作中见到过这种不思改变的人，你可能也时不时地会做出不思改变的行为。变革结束之后，他们心情很糟地回来继续工作，而且继续抱怨并散播谣言。在会议上，他们总是牢骚满腹，并且总是喋喋不休地询问，为什么新的方案"跟我们以往做事的方式"不一样。他们总说要怎样让一切变回以前的样子。注意，不要在这群人身上浪费时间，也千万不要像这样去抱怨、发牢骚。

要想在事业上获得成功，你更需要抓住改变期的有利机会。非能力型管理者很擅长此道，不过成功的机遇近在眼前时，不思改变的人状况是最糟糕的，这种情况下，他们总是会输。

如果你发现自己既不是聪明却升职慢的管理者类型，也不是非能力型管理者类型，而是这种"迷糊"的类型，那你就很有问题了。我不会对此加以掩饰。从有利的方面而言，本书的内容会告诉你们，需认识到主动管理自己的事业的必要性，因此，不能被这些"迷糊"的特质所主宰。如果你曾发过牢骚、传播过谣言，或者因偶尔组织一两次集体活动而扬名在外，这些都不重要，但如果这已经成为你的职场策略，那么，你的职场之路就不会顺利。

/ 请举例 /

既然我们已经了解了"竞赛"中的"选手"，现在，我们就要做下一步的准备了。下一章里，我将介绍一些我职业生涯中的真实案例，以下所涉及的公司名字和人名都是虚构的，不过故事却是真实的。从中可了解到，不同的人是如何面对寻常的职场状况的，并将直接见证，那些非能力型管理者是怎样出人头地的。

我们也可以从这些故事中"剽窃"那些非能力型管理者所使用的策略，并用于自己的职业生涯中。关键是，你自己不能

变成 非能力型管理者，而是要取其精华，去其糟粕，将你的智慧和才干与他们的策略结合起来，这样，你以后的事业才能顺利无忧。

Up工作法的七个要素

我们现在了解了自己身处的环境，以及应该具备的正确心态，也认识了所面对的对手，那现在就要来编写一部能真正能让你升职的"策略"了。

过去的十年里，我系统性地验证过非能力型管理者的所有策略。我研究并切实验证过他们的那些"黑色战术"，虽然他们有与生俱来的缺陷，但这些"战术"却让他们收获了成功。我从曾经因犯错误而失去良机所得出的经验及进行过的相关研究，得出了最重要的七条经验，希望你们放进自己的"策略"之中。

接下来的七个部分，每个部分都介绍了非能力型管理者的一条要素，讲述每一个要素时，我都用了两个故事示例：第一个是我或我的聪明却升职慢的同事们，是怎样错误地处理了工作中的事情，我们将对已犯的过错做出分析，并说明该如何避免它们；第二个故事则是我过去遇到的非能力型管理者是怎样掌控类似的局面的。我们将从中见识到他们是怎样获得成功的。在每个部分的结尾，我会对最重要的要素做出概括，并明确指导你们，该如何将其运用到实际工作中去。

我们开始吧。

不要对自己的想法、观念太过执着

在这个部分里，我们将了解到维克多和奥托的故事。这两个故事我很熟悉，因为维克多的故事是我刚做产品经理的时候经历的。而奥托的故事是我最近从别人那里了解到的。他们所犯的错误是有事业心的人和那些天赋很高但经验不足的人经常会犯的。更重要的是，这两个故事会教给我们一条能让我们升职的重要策略。我们将认识到，培养客观的视角通常比创造富于激情的个性更有力量——即便是非能力型管理者，只要他有客观冷静的态度，他也会做出很棒的决策，这种客观冷静的个性，能够弥补主观能动性的缺乏和准备工作不充分的缺陷。我们将了解到，如果我们太过关注宣扬自己的观念理论，却不深入思考该如何升职，那即便是最有才华的人也会陷入一个危险的陷阱中。

/ 空想家维克多的故事 /

维克多关上iPad（苹果平板电脑），慢慢地吐出一口气，似乎刚刚见证了什么奇特事件一样。看过了10场最喜欢的TED（技术、娱乐和设计）演讲，他感觉自己已经准备好为接下来这一天而忙碌了。维克多很明白这种感觉只能持续一会儿，现在，他的这种感觉很强烈。他最终断定公司的产品策略里少了什么，他也明白了他们应该怎么做。

新的职位

维克多仔细审读了花了一整晚才做好的报告幻灯片。"我将改变这家公司，开启这一行业的改革之旅。"他深吸了一口气，就像打开了约柜（约柜是一个里外用金包裹的皂荚木造的柜子，里面放着刻了十诫的两块石头板子、一根摩西的哥哥亚伦曾经用过的发芽的手杖、一个用金子制作成的罐子，里面装着预表基督的隐藏的吗哪。在柜子的上面有两尊用黄金打造的天使——基路伯，这两尊天使面对面地用翅膀围出一个空间，这个空间就是代表上帝所在的地方，约柜放在哪里，那个地方就代表有神同在。约柜在旧约时代以色列人的心目中，就是神同在的象征）的盖子一样。自然这些幻灯片就是笔迹网有限公司成功的秘诀所在。的确，他任职这家公司的产品初级副经理不过才几个月的时间，但他却感觉自己已经赢得了大家的尊重。更重要的是，他的目标是正确的。"他们会听我的，"他认为，"我将让他们听我的。"

维克多一刻也不想耽搁，因此，那天深夜，他向公司所有的高管发了一封会议邀请函，并附上了他的项目文件：《项目X——我们的新产品策略》。第二天一早，他就要把自己的梦想公之于众。"他们听到我的策略，一定会很高兴的。"那天晚上，他辗转反侧，难以入眠，不断对自己说。

"这个应该不错。"詹娜嘲讽似的对她的高级产品经理和得力助手乔治说道。作为产品管理部门之首，詹娜和其他高管都收到了维克多前一晚的邀请函。她和乔治商量好早一点儿赶到会议室，聊一聊他们将要看到的这份报告。詹娜在这方面曾经有过几次经验，她想到的不仅仅是手下那些野心勃勃的产品经理。"我曾经也是这样的。"她也想起了过去曾让自己悔恨的事。大家都想成为下一个史蒂夫·乔布斯，因此詹娜无论面对什么状况都抱有一定的怀疑。

"来吧，给他一个机会，"乔治提议道，"谁知道呢？没准他提的真是个不错的方案。"当然，乔治也不相信自己所说的话，不过他已经不是刚进公司的新职员了，他知道，一旦讨论的是关于产品的方案，詹娜就有点儿听不进别人的意见。被她否定的产品经理已经不止一个了，他也是其中之一。

两次演讲比一次好

乔治和詹娜还没来得及谈论更多，全部门的人就都进入会议室落座了。维克多并没有进入会议室，但他在墙上播放幻灯片，展示项目X的相关内容。他使用了幻灯片的绘制功能，让字母X看起来像是搏动的心脏。"我希望这个绘制的心脏并不太大。"他心里偷偷吐槽了一句，然后很快就恢复了平常积极乐观的样子。维克多定下心来，很坚定地走进了会议室。

"大家上午好。"他说着，伸开双臂，热情地打着招呼。

"嘿，维克多。"会议室里有几个人也向他打招呼，但显然没有想到这一刻对维克多的重要性。

维克多并没有直接开讲，而是呆呆地盯着天空中，似乎是想要获得神明的指点一样。因为他太过投入自己的幻灯片演讲资料中，并没有发现詹娜和乔治的眼神交流，他们那天上午还有很多别的工作要完成。

终于，维克多开始了。

这份报告开始照例是说作者为陈述自己的策略努力了多

久。他将自己考量策略的过程比作人类从远古人进化为现代人的过程，这一点逗乐了他那位平常愤世嫉俗的经理。"噢，不，你才没进化呢。你利用了洞穴人。"詹娜轻轻摇了摇头，不过其他人都没有注意到。

冗长的前言和序文都在阐述现代消费者的进化，最后，维克多才极富热情地讲述了自己的策略。

"搞定了。"结束的时候，他这样告诉自己。

"谢谢你，维克多，"詹娜非常真诚地向他道谢，"你很有想法，提出的这条策略也很棒，我认为，关于你说的这些，我们还有一些东西需要考虑。"她的语气很真诚，但却并没有用非常得意的腔调，虽然要承认这一点很难，但还是要老实说，这并不是她所听过的最糟糕的提议——维克多的方案。如果他们不是在那样的环境下，詹娜可能还会好心接受维克多的某些策略，但对维克多而言，詹娜简短的回复就像是当面给了他一个耳光，他实在忍不住了。

"真不明白！"维克多在所有人面前大叫道，"我们难道不该花一点时间仔细看看完整的计划吗？如果我们不这么做，那么就会错过这次竞争机会，要实施这个策略，我们还有很多要忙的！"他这样说就是在请求支持了。

"冷静一点儿，你太急躁了。"詹娜很平静地说，她似乎就想要忽视他，"你的这份报告内容还是不错的，不过我们的策略不能完全按照你说的那样去执行，你为什么不再等30天再来召开第二次会议呢？这也让我们有时间好好考虑考虑你的想法。"

"30天？！"维克多惊讶地喊道，"好吧，好吧，我再等等。"他努力控制住自己的情绪，说道。

20分钟后，维克多打开了办公桌抽屉，取出一罐烘豆来吃时，他在心底重新回顾了这次会议，他什么也不能做，只能逼迫自己重新面对混乱的局面。他很肯定，詹娜只是嫉妒他而已。"她已经来公司五年了，但却从没有想到过像我所提到的这么棒的方案，其他人都只是听命于她而已，就算是把产品策略放到他们眼前，他们也识别不了。"

激情的罪过

维克多一边吃着罐子里的烘豆，一边想象着各种场景。他必须挺过去，他将这些归咎于公司。公司没有时间等待，不然就会被击败。"如果公司要因我而辞退其他人，那就让他们去辞退吧。"他告诉自己。他必须想一想，也许他应该直接去董事长办公室，跟他谈谈自己想到的策略。他很得意地等到了黄昏，不断地举手击掌，像扎克伯格那样，不过当时还为时过早了。

在类似的情况下，维克多此时应该挽救局面，他本应该能够从长远的角度出发，好好改善一下自己的策略的。事实上，詹娜也跟团队里的另一个成员说，下一次产品上架的时候，她需要仔细考虑一下维克多提到的一些很棒的意见。不过维克多听说了这事儿之后，却是更恼火了。

"这是一个策略，"他对任何倾听的人都这样抱怨，"你不能只挑选你所想要做的某个部分！"他很难过。

维克多很坚决，他当然不希望有人出来反对他所提出的策略。他怎么能忍受呢？这是他的成果。因此，维克多继续一天天地游说，动用他能用的所有关系，将同事们都拉进了自己的阵营里。也许如果他能够引得众人的全力支持，那他也就能说服詹娜。但事实上，维克多接受的是一个将要花费多年才能完全理解的教训，而要从这打击中恢复过来，还需要更长的时间。

30天后，到了对维克多的产品策略进行讨论的时间。虽然这只是第二次正式的会议，但维克多却为此忙碌了整整一个月。的确，他也跟团队里的人召开过几次非正式的会议，他跟其他无关的人一起的时候，也会诱使他们站到自己这边来。维克多跟人是这样说的："詹娜并不明白我的意思，但我知道你是个明白人。如果我们不按我的这个策略行事，那我们就会错过这个机会……"即便是因为出现了这种抗衡的局面而心烦意乱，詹娜仍然非常耐心。毕竟，维克多确实很有才华，这是不争的事实。不过他接下来的表现就很过分了。

会议的前一天上午，维克多也想要成为像詹娜那样的管理者。"我要让她明白，我要让全公司的人都知道。"他就是不愿意听之任之，这个策划方案太重要了，他都已经做好升职的准备了。就像他自己所想象的那样，他冲到了董事长的办公室，把自己的策略方案呈交了上去，不过这一次，他所遭遇的情景跟他白日梦里所想象的完全不一样。

会面的时间不长，而且在维克多看来，也并没有起到该起的作用。至少开始的时候，维克多确实是这样认为的。董事长并没有多少时间说话，不过却认真倾听了他的演说。结束的时候，他握着维克多的手，谢谢他花时间来跟他说，最后就说了一句："我想，来见我之前，你跟詹娜讲过了吧。"他的语气更多的是肯定，而不是疑问。

"嗯，啊，那是当然。"离开的时候，维克多撒了个并无恶意的谎言。

"将军。"维克多回到自己的办公室为第二次会议做准备的时候，狠狠捶打了自己一下。董事长看起来很感兴趣，这回詹娜应该会听他的了。

后果

这天是会议召开的日子，维克多精心准备了一番。他仔细查看了自己的幻灯片资料，穿好自己的黑色套头毛衣和牛仔裤，开着他从父母那里借钱买的新版电动特斯拉跑车，朝公司而去。他认为有董事长撑腰，要说服詹娜会更容易。

维克多走进会议室时，已经做好了一切准备。不过，他还没来得及开始，詹娜就走了进来，让他坐下。

"维克多，"她冷静地说，好像她是一个准备说教孩子的小学老师一样，"我们决定做出改变。"

"好吧。"维克多空洞地盯着她，试图弄明白发生了什么糟糕的事情。

"昨天下午，我跟我们董事长好好地聊了一下，他对你的某些看法很感兴趣，不过他却很不喜欢你的态度，以及你引起的动乱。"她停顿了一下。

"但是！"维克多也深觉不可思议。

她仔细思考了一下自己接下来要说的话，似乎维克多的一句反对就能让她搬箱子离开似的，她说："我们已经做出决定，让你任职特别项目助理。我们认为，这个职位更能让你发挥你的才干，并且也会对你的升职更为有利。"

听到这个消息，维克多心里五味杂陈。他可能算得上年轻，不过他也明白"特别项目助理"跟自己想要的升职完全不是一回事。他们让他离开这个部门是经过仔细思考的。

他努力控制好自己，不让自己在这次短短的会面时失态。毕竟，维克多也是个聪明人。他只不过是让自己的野心和激情影响了自己的判断力而已。他向自己做出承诺，绝不会再犯同样的错误。

/ 我们能从维克多的故事中汲取什么教训 /

维克多的故事证明了，在集体环境中，并不是所有的激情都是积极正面的，光有才华没有策略会对你的事业造成毁灭性的影响。虽然你们可能认为，维克多的错误是很明显的，而且还有点过头了，我向你们担保，我总是能看到这样的滑稽事件发生，而我刚刚就业的时候，自己也是这样做的。事实上，我现在比十年前的见识多得多了，因为商业化的世界已经开始将伟大的梦想家和革新家当成偶像了。

很多聪明的经理者都希望总是被人视为策略家和革命家，这是他们工作的动力来源。虽然这种想法是不限职业的，但如果我们不小心应对，还真可能变成这样。基本上，这一策略的成败更多的是看你如何变革，而不是变革本身。维克多让自己的激情和傲慢完全遮盖了行之有效的事业计划，这差点让他失业。他忽略了最重要的职业目标，而且不知道该如何高效地工作。

首先要声明一点：我并不反对革新，也不反对心怀策略。显然，对一个管理者而言，这些是非常重要的品质，几乎每一家公司集团都需要有这样品质的人。不过在集体环境中寻求革新的方式有正确错误之分，维克多显然选错了方式。如果你回顾自己的职业生活，我敢肯定你也会发现一些像维克多一样的人，他们中有的人成了行业精英，而有的人却从自己原本的单位离了职。因为用错了策略，维克多差点付出了失去工作的代价。他的这次遭遇跟他的智商完全没有关系。

真正的权力，以及真正的事业成功，更多的是由于珍视身边的人，而不是由于给别人警告而得到的。你希望你的同事们愿意接受你的观念，以我自己的经历来看，当你太过关注某种观念，那你最终必定要付出某些代价才能让那种观念和想法付诸实施。所有的管理者都应该明白，你如果太过热衷于自己的理念，就会失去客观冷静的视角，而客观冷静的视角原本是所有管理人员所应该拥有的，如果太过热衷于自己的理念，你还会失去在某个时刻总会用以促成升职的关系网络。

不过等一等——还有什么比真正的激情更珍贵的呢？让人们愿意跟随你的难道不是你的激情吗？这话只对了一部分。对最佳的选择怀有激情，而罔顾是谁提出的理念，这是一种让人喜爱的美德。对你自己认为正确的目标太专注、太充满激情，这会被人误认为是标新立异，是一种很霸道的行为。如果你想要成为真正有远见的、能够影响别人的人，你就需要表现出对美好的东西充满激情，而不管你充满激情的行为是否能有效果。

维克多就只关心那是"他的"想法，这是"我的"策略。虽然他可能做过某些分析，但他却不让公司的主要管理者发挥他们的能力。他把自己的想法强加给同事们，而不是把所有的可能性展示给大家，让大家看明白哪条路才是正确的选择。

※　※　※

现在，让我们来看看客观的奥托的故事，看看一位非能力型管理者是如何处理类似的状况的，这样我们也就能"偷"得他的策略，为自己所用。

/ 有目标的奥托的故事 /

"我就是喜欢小猫！怎么样啊！"他对着电脑屏幕大叫，狠狠敲击了一下键盘。奥托退出了那个自己一直在其中跟别人争辩不休的论坛。"我讨厌爱狗一族。"他在心里对自己说，然后深呼吸了一次。奥托环顾自己的家，不时地停下，对着他最爱的猫巴格思的照片微笑。这能帮他放松心情。网络上的喷子们让他心情狂躁，如果不是为了巴格思，他早就坚持不下去了。奥托最喜欢的就是猫了，它是他生命中最大的乐趣，他一直都期待，某一天能够离开K科技有限公司，并开始自己的养猫生活。

最爱他的母亲在家里打扫卫生，他对她说："这里更像是一个非常不错的小猫日间水疗中心。"这是他的梦想，不过令人悲伤的是，也仅仅是个梦而已。作为一个35岁的成人，奥托认识到，在可预见到的未来一段时间里，他仍然需要在K科技公司任职交易经理。他需要支付账单，并为以后放弃这份职业而做准备。

职场策略

奥托并没有跟同办公室里的其他同事提到过自己的梦想。他们无论如何是不会理解他的。即便如此，他还是很肯定，他的同事们都察觉到了，他对定价管理并不感兴趣。奥托并不懂该如何定价，只是运用了如猫一般灵敏的感觉，自己又花了特别多的时间去查询，才懂得了定价的策略，对定价有一定的见解，而实际上却很少去制定定价的方案。

也许是因为花了太多的时间去弥补自己在这方面的缺点，奥托非常懂得该如何跟别人配合工作。

奥托对管理并解决事业中的问题有独到的见解。当他接手一个重大项目时，奥托总是不去要求最佳方案。他关心的是"最简单的框架"。多年来，他一直都采用这样的方法来让自己的工作变得更加简单容易。值得赞扬的是，奥托明白自己的长处和短处。刚刚进入职场不久，他就明白了这些。他知道，给别人提供相应的帮助，让他们自己去思考解决问题的方法，比自己去思考，然后向别人证明自己是对的，要好得多。对奥托而言，这就是真理，因为他对定价的方案策略总有自己高明的见解。他对自己的事业计划也用了同样的思维方式。

奥托接到了新的任务，要求制定新的定价策略，以适应市场的改变，因为顾客们购买他们的网络安全产品的方式开始改变了。他们购买K科技的产品和服务都是按月结算的，而不是现金预付的方式。这种方式也得到了奥托的认同，因为他自己的开销，如虚拟主机、邮件和其他的网络服务也都是按月结算的。不过虽然这些看似简单，不久，奥托就发现自己根本应付不过来。

"预约、租赁、永久许可、筹资、个别软件使用权，"他对母亲抱怨道，"我无法记录下所有的一切，上帝知道，我真的猜不到什么对我们是最好的。"他说道，带着非常不耐烦的口气。

"我相信你，奥托。"他的母亲回应道，安抚似的在他背上拍了一下。

"说真的，妈，这次我真的不知道该怎么办了。"不过奥托并没有消沉太久，很快，他就恢复了如猫一般的镇定，并决心按自己在类似的情况下通常的做法去做。

非常简单的猫

"这就需要我那众所周知的'简单的框架'了。"奥托试图振作精神的时候，对自己说。他开始在一张纸上画两个圆柱形图案。曾经他也这样画过四次，而且似乎挺管用的。奥托有时也担心，人们会看穿他，骂他是个骗子，但是他再无计可施，只能坚持。

奥托开始制作一种直接的决策框架，将所有可供公司选用的选择都放在里边，每一条选项都各有其支持者和反对者，没有任何偏颇。当然，奥托自己也不知道哪个选项是正确的，因此他也无法判断决策过程究竟如何。他尽自己所能，仔细查看了清单里的所有选项，并增加了一条快速概述，让那些做决策的管理者们了解选项的大概含义。

"真希望能带你们去上班。"奥托做讲述那天，早上喂猫的时候，奥托对它们说道。

虽然不喜欢自己的工作，但奥托还是有点儿紧张一两个小时后的演讲会。毫无疑问，高管们都希望这次有一个正式的提案，但奥托却仍然没有准备好，他不知道什么样的标价才是恰当的，坦白说，他也并不太在意这个。因此，他跟家里的每一只小猫吻别，带着几分焦虑的心情上班去了。

会议室里，人都已经到齐了。K科技公司各部门十多位经理都在焦急地等待着商讨会开始。大家都对此有疑问，对于一个如此重要而复杂的问题的商讨会，有疑问也是正常的。显然，会议开始之前，每一个人对这个问题都有自己的看法和意见。

"如果他要说租赁，那我就离职。"看着奥托穿着一件Hello Kitty（凯蒂猫）的汗衫，摆弄着摄影仪，产品部门的经理道森低声咕哝道。

"我更担心的是产品在国际市场的正式上市，我跟你保证，他肯定没有考虑外汇。"大家都在为这场争议性很大的会议做准备的时候，国际贸易部的副总克里斯也说道。

奥托也明白其中的风险很大，即使周围一片质疑之声，但他还是将幻灯片播放了出来。他虽然有点紧张，但还是很乐观积极的，很奇怪，他对这场商讨会的结果如何并不关心，坦白说，只要他最终能够升职，其他的结果他一概不关心。

"我穿着幸运衫，一定没有问题的。"奥托安慰自己，不过这话他自己也不太相信，然后他便开始了。

"上午好，各位。"奥托跟大家打招呼，努力装出一副行家里手的样子。

"上午好。"与会的一些人回应道，他们都带着一副希望奥托犯错的表情。

"我知道，对我们来说，定价是一个热点问题，你们每一个人都对我们以后的路该怎么走有自己的看法，我也确信，你们每一个人都有很合理的观点。考虑到这一点，我感觉，本次会议最好还是让大家协作起来，一起看看我们能够做出的选择都有哪些，并对它们做出评估。如果我们一起面对，那我们就能听到所有不同的意见，我们也能够对合适的意见和建议做出评估。"

"真希望他们能够接受，"奥托在心里对自己说，"我需要尽我所能获得所有帮助。"

接下来的一个小时里，奥托让与会人员对每一条定价策略做出公开评估，其中有一些即便是看过了概述也还不完全明白。不过似乎没有人在乎这一点，与会人员的讨论非常热烈。

大部分时间里，奥托都希望自己并不在会场里，大家的争论一声高过一声，有时候也会彼此生气，但没有人针对奥托表达恼怒。销售部副总跟产品经理争论不休，分销经理跟零售经理吵个不停，唯一一个看起来漫无目的的人是奥托，他是唯一一个身处争论之外的人。他争取了几次关键的机会，让大家停止纷争，鼓励他们客观地看待每一个可能的选项，他们也都做出了回应。

会议结束后，大家对许多问题都达成了一致意见。他们将一份定价范例当作了公司的最佳策略，虽然还有很多执行方面的细节需要努力，不过大家的重担已经卸掉了。奥托毫无疑问能够处理好那些小问题。

"真棒，奥托。"离开的时候，与会的一些人说道。

"很不错，定价专家。"销售部副经理去参与下一场会议的时候，评价说。

这次会议很成功，他们找到了合适的策略，而奥托也没有什么损失。

"凯蒂猫团队再次赢得了胜利！"奥托关上会议室的门，自己呵呵笑了起来。

/ 你自己的"策略"：不要对自己的理念太过执着 /

我们从维克多和奥托的故事里得到了一条经验：富有才华和创造性思维的管理者们很容易落入热情的陷阱中。我们的观念通常都是真的很不错的，但如果整个团队不愿意接受，或者接受度不高，这种情况确实很令人烦恼。最重要的是，我们要记住，光有新颖独到的观念不会让我们获得升职，以热忱和激情为支撑的职场策略风险度太高了。这样的策略可能让人偶尔获得回报，但却不是收获成功的必要条件。要做到完全的冷静客观，你可以用以下的策略作为指导，结果一定会令你满意。

1. 总是保留选择权。即便你确认自己知道正确的策略，你也必须给自己留有选择的余地。在商学院里，我们就学到过这样的经验，不过在高速发展的商业社会中，却极少见到这条经验行之有效地施行过。

2. 不要耍手段。弄虚作假以期暗中布局，让大家接受自己的理念，这是一种不明智的行为。如果想不到其他的策略，那可能是你太过热衷于自己的想法了。人们能够看穿你的虚假行为，这只会让你看起来很幼稚。

3. 学着接受别人的观点。接受你自己并不看好的观念，这让人觉得你很老成。不过在职场上，客观、专业的视角比个人的见解让你加分更多。要准备好主动接受任何最高层管理者看好的策略。

接受别人都讨厌的改变

在这一部分里，我们将看一看南希和卡尔的故事。每一天，不同的公司里都会上演同样的故事。南希的故事是我以前在一家新兴的软件公司工作时所见到的，这是管理者在充满不确定的变数时经常犯的一种错误。卡尔的故事也是在这时见证的，不过他是那种能够战略性地接受改变的管理者类型。通过这两种类型的事例对比，我们将认识到，当集团公司发生改变的时候，我们为什么需要战略性地改变策略。让我们来了解一下，以上所提及的两位管理者是如何应对同样的境况的，他们的策略如何决定了他们各自的命运。

/ 墨守成规的南希 /

熟能生巧！南希本该把这条标语印到T恤上。回想着过去三年来的努力，她自顾自地笑了起来。的确，有时候这个过程就像是拔牙一样痛苦，不过她一想到自己为东星公司的发展所做的努力，就不禁为自己深感自豪。

路漫长，虽然南希最初认为自己不适合这种新兴公司的环境，但至少她向自己证明了，她有获取胜利的资本。她给了他们所需要的东西，而这也是她的额外福利。一点点付出，就收获了大回报。

生活有规律的人

南希是个生活极有规律的人。是的，她多次因非常关心细节而犯错，可以说，她是个非常死板的人。不过，她认为，持续不断的努力才是任何大公司生命力的来源。

在接受东星公司的职位之前，南希曾在世界最大的一家制造公司工作了十年。她的导师兼上司每天都向她灌输努力的重要性，而南希自然也形成了这样的习惯。

"知道自己真的精通自己所做的事，是令人感到高兴的。"那天早上，南希这样想，想到自己目眩神迷了为止。无论是部署新的系统，还是有新的开发产品上市，他们都依靠南希。"我是勤奋的女王。"想到这里，南希不禁得意忘形起来，她脸红了。

南希有足够的理由为自己而骄傲自豪，她已经成了东星的中坚力量，虽然她有时候也会将别人带进死胡同，但她让整个工程组像一台加满了油的机器一样正常运转。即便遇到挑衅，南希也无动于衷。这就是努力的代价！她几乎能听到自己的老上司一边喝着美式咖啡，一边大叫道。

东星新股首发（IPO）？

今天是个大日子。南希又开始目眩神迷了。公司策划新股首发已经很长时间了，经历了一系列的延时和耽误之后，现在终于要上市了。前一天晚上，公司里的每一位员工都收到了董事长发的同一封邮件，第二天上午要召开全体员工会议。肯定是因为这件事。南希心想。

为了庆祝这个大日子，南希决定拿自己的服装做做文章，这种游戏她们这个团队的成员都很喜欢玩。因此，穿上自己过时了的塞尔特和佩帕（Salt & Peppa）演唱会T恤时，南希不禁因为T恤上的字母所具备的讽刺意味再次大笑了起来，并猜想，别人领会这个玩笑的含义需要多久。

南希完成了上午的工作备忘录，然后按照自己的惯例时间，抵达了办公室，这时距正式上班时间还有15分钟。无论是工作还是别的约会或是其他的任何事，她都从不迟到。她也因这一点而为人所熟知。从心爱的克莱斯勒PT漫步者敞篷车上出来时，南希看到，她的同事们都聚集在公司大门前，显然是在看接下来会发生什么。

"我猜我们每股的价格是12.30美元！"她听到一位高级工程师这样说，他似乎是在猜测他能持有IPO的多少股份。

"你太保守了。我听说每股的价格可以翻六七倍呢，我猜是15.00美元。"一位软件工程师很乐观地预估着。似乎每一个人都有自己的想法。

跟她的许多同事不一样，南希并没有花时间去思考IPO的估价和股票价格。值得肯定的是，南希明白，接下来的数月时间里，公司可能会经历一段低谷期，而市场将最终决定公司的价值。前面的路仍然很长。事实上，她近期也留意到，他们行业里的另一家公司，Gen云公司也上市了，之后不久，这只高涨的股票价值也遭遇了暴跌。

在南希看来，这并不只是关于钱的竞争。从一方面而言，南希刚刚入职这家公司三年时间，因此她可不像别的管理者那样，有那么多股票可选。她最高兴的是能够进入一家上市公司，这里更看重执行力，在这里她更能够发挥自己的价值。

大家井然有序地走进会场，就像刚刚走进学校的孩子一样。广播里播放着U2乐队的《美好的一天》（It's a beautiful day），这样的乐曲让大家放松心情。"虽然是个廉价货，这椅子坐着还挺舒服的。"跟同事们落座的时候，南希对一位同事耳语道。音乐停止了，公司的董事长坐到了主席台上，南希和其他同事不禁发现，董事长身后还跟着四五个他们之前从未见过的人。

"一定是投资银行家。"她左侧的一位应收会计低声说道，并点了点头。

房间里一片安静，董事长脸上挂着一个大大的微笑，开始打招呼。

"大家早上好！"他敲了敲主席台桌面。

"早上好！"与会的员工们回应道。

"今天，我很高兴在你们面前宣布一个你们期待已久的大好消息。"他继续道，"你们很多人都知道，近期我们的资金市场有点紧张。我们已经做出了艰难的决定，选择正确的道路来确保让我们的公司更进一步。"

南希一字一句地听完，心里一沉。她身体前倾，似乎是想要第一个听清楚董事长接下来要说的话。

"你们都知道Gen云是怎么遭遇了IPO暴跌的，我们可不想也经历一次。"他大声喊道，"因此，董事会、投资者和我做出了一个艰难的决定，这个决定对我们公司接下来十多年的发展都是有利而无害的。"

南希仔细地消化着他的话，最后，他挑明了："因此，废话不多说，我向你们介绍我们的新合作伙伴，拉泽互联网！"

南希花了十秒钟才反应过来，其他与会人员也都很困惑，一边鼓掌一边露出跟她一样不解的神情。南希头脑中涌现出以下的问题：合作伙伴？这是什么意思？拉泽网？这十年里我从没听过这个名字。那么IPO怎么办？南希还没反应过来，董事长就开始为大家介绍合作方的资料了。

"我知道，对你们许多人而言，这看起来就像是我们发生了一点改变，"他说着，举起双手，手掌对着与会人员，似乎是想要自卫的样子，"不过我保证，我们都应为加入拉泽网而激动！接下来，我很高兴向你们介绍我们的新朋友……"

后果

接下来的30分钟，南希和会议室里的其他人都摸不着头脑。这并不是说收购对他们而言是一个惊喜，近期公众市场的状况变得十分难以预料。不过拉泽网是什么玩意儿？怎么偏偏是拉泽网！这完全是一个过时的公司，近十年来都没有真正进入过市场，与他们合并，看起来更像是通往坟墓而非通往光明的未来。

这一天接下来的时间里，南希都一如既往地认真做着自己最在行的工作。她列出了自己的所有问题，决定不让任何其他事件和公司来影响他们的努力。我可以让它工作的，我知道我可以做到。南希对自己撒谎道。

接下来的四周时间里，南希的情绪从最初的震惊，恢复到了积极乐观，然后她开始认真工作，现在却又变成了恼怒。南希和同事跟拉泽网的高管们进行了多次谈判和商讨会，拉泽网跟东星的同事们保证，他们已经开始更新公司的设备，并开始招募新的职员了。不过他们并没有替换掉东星所有重要的工作人员，更改他们原本的工作流程。

"不会干涉你们的，"他们似乎一直都微笑着重复这句话，而且都是诚心诚意地说的，"我们一直都是受这种教导，而且我们也都是这样做的，我们很高兴你们能加入我们拉泽公司。"不幸的是，才刚过了一两周，南希就发现情况不对了。

新的制度

南希回忆起来的第一段小插曲发生在联合销售启动会议上。两个公司的业务经理和销售经理聚集到一起商讨他们的季度计划，这次启动会议相当复杂，因为这两个公司试图将人员完全不同、工作程序也完全不同的两个团队凝聚在一起。会场气氛似乎相当紧张，看起来更像是新职员面试而不是一次商务会议。

南希的准备工作仍然跟以往一样，做得一丝不苟，这是她一年多来的工作成果，她决心要一鸣惊人，她的报告的中心内容是她最近零售产品上市的销售计划，如果是六周之前的话，这份计划无疑会通过的，不过现在，情况发生了改变。

前面的几份报告都没有引起任何争议——双方察觉了彼此的打算，就都礼貌性地点点头，并不质疑。轮到南希上场了，她一如既往地实事求是，一如既往的自信，不过刚刚开始两分钟，就被人打断了。

"抱歉，南希，不过我们在拉泽网并不是这样做的。"会议室中间有个人微笑着说。

不过南希并不打算计较，她的回应也是很礼貌的，不过这还没完。每次她表达了什么观点，他们似乎都是这样回应的。

拉泽网不是这样的！南希后来露出了皮笑肉不笑的表情。

后来，她又亮出了自己的"杀手锏"创意，但还是得到了他们同样的反应。她曾经为某合作伙伴的一份销售注册工作忙碌了两年，而且工作毫无瑕疵，此外，南希也一直在教育东星的销售团队和分销合作伙伴该如何做。所以，这次听到他们说"拉泽网不是这样做的"时，南希复仇似的反击了。

"好吧，拉泽网可能不是这样的，"她言辞犀利，"但我这个确实是正确的方式！"

"情况不妙。"南希后来回忆起他们那种居高临下的表情，自己想道。拉泽网的管理者们继续一起安慰她，并跟她解释，为什么他们试过的方案才是最好的。虽然南希的方案可能在一家小公司里行之有效，不过对他们现在而言却并不合适。

事态恶化

启动会议之后，南希的工作状况完全发生了改变。她也试图维持彬彬有礼的形象，她让人们了解她的方案，她很乐于教导愿意倾听她方案的人们，尽管人们从表面上看起来也是态度友好的，但似乎没有人愿意去了解她的想法。南希也当场发誓，她不会因为这一次失利就离职的，她本性就是个固执的人；你应该努力工作，过去她一直都是按这条箴言行事的，而且她也做得很不错。因此这一次虽然遭到了质疑，但她同样按部就班地工作，并且也一直按以前的方式行事。只要有机会，南希就决定告诉人们，为什么东星以前的方案是对未来有利的正确选择。

南希开始从自己的同事这里赢得支持。"这是拉泽网在市场上失败的缘由，"她对任何愿意倾听的人说，"我将要改正他们的错误，要逼着他们接受我们的方案！"随后的数周时间里，南希抓住任何机会去拉拢同事们反对新的方案。

如果说事情的发展跟南希所希望的不符，这种说法还是太过保守了。以前，别人见到她都会很亲切友好地跟她打招呼，不过那之后这样做的人就逐渐减少了，最后再没有人愿意理她了。到后来，每一次会议上，南希似乎都在跟全世界拼命，无论她怎么努力，都没有人愿意听。

不过她仍然希望将来她能够获得拉泽网的支持，因此，收到销售运营副总汤姆·史密斯的会面邀请的时候，南希似乎看到了希望。自收购合并以来已经过了三个月了，汤姆似乎是拉泽网那边更善解人意的一位管理者，他似乎真的明白南希的意图。

也许我们会获得进展，让这家公司走上正轨。南希走进会议室的时候，心里燃起了希望之光，乐观地想道。汤姆很亲切地跟她打了招呼，并让她坐下。第一次公司会议上，南希曾见过的一位发言的女士也在一旁，这让南希有一点儿困惑。不过她还没来得及整理好思绪，就听到了一个坏消息。

"很抱歉，南希，我们要解雇你。"汤姆很快而坚决地说出了口，他显然是不想造成误会和干扰。"你以前做得很棒，大家都很欣赏你的热情和专业，但老实说，这次收购完成得并不如我们预期的那么顺利，我们都觉得，应该放你走，我们希望你今后能够获得更好的职位。"

南希的心一沉，她真不敢相信自己听到的消息，10秒钟之内，她的情绪就从震惊转为了恼怒。"你们这群蠢货真不知道自己在干什么！"她回击道，"即便是天才在你们面前你们都不识货！"她重重地捶着桌子站起来，冲出了房间，跑进了停车场。她在拉泽网短暂的工作期结束了。

直到几年之后，南希才真正明白了自己所犯的错误，唯一让她感到安慰的是，她既不是第一个犯这种错误的人，也不是最后一个犯这种错误的人。

/ 我们能从南希的故事里学到什么 /

南希得到了在工作中最重要的经验教训。相比20年前，公司的改变速度比我们所认为的快得多。我们将在接下来的故事中了解到，最佳的升职机会就出现在充满变数的时候。不过与此同时，如果我们不讲究策略，那么多变的环境也会给我们的事业和升职造成威胁。

南希不幸的故事证明了，如果你无法掌控多变的局面，就算有再多的才华也没用。拉泽网团队根本不在乎南希的理念是对还是错，让她被解雇的缘由是她的态度。他们为什么要留一个难以相处的人一起工作呢？为什么要留着一个对他们的生存造成威胁的员工呢？当然，公司可能会因拥有南希这样机灵有才干的经理者而受益，不过公司是实体的聚集体；公司本身不做决策，做出决定你命运的决策的，是人。

毫无疑问，我在职业生涯中所认识的胜利者和失败者们，他们中的大部分人都是在这种改变的时候确定了自己的命运。这也是一旦公司的格局出现改变的时候，你就要紧紧把握机会的理由。我们见到的南希就是一个倾向于反对改变的人，因此一旦局势发生了改变，她就会选择对抗而不是接受。

这一条经验写出来容易，但应用于实践却要难得多。面对改变的时候，我们的情绪起伏很大，很难控制好。通常，我们的个人健康、家庭、工作和朋友是保持相对平衡的状态的，因此，对南希和我们大部分人而言，最大的缺陷就是维持以往的处事方式不变。身处一群不思改变、维护旧传统的人之中，人就更倾向于反对新的被普遍接受的制度。事后我们回顾的时候，这种行为反应的无效性是很明显的，不过我却仍然经常见到人们做出这样的反应。

南希的故事还告诉我们，在当代的公司环境中，职场风云变幻有多么厉害。在这个复杂多变的职场环境中，你的才干和专业程度根本不能决定你是否能升职。在以上的事例中，没有人会质疑南希的才智和能力，但她仍然遭遇了解雇，停职并不是那些天赋不够的人应该得到的。南希曾经也做出过很大的贡献，不过如今却被解雇了。我们的问题是，应该如何避免掉进南希那样的陷阱？

南希最大的错误就在于，太过感情用事，而没有想出一个计策，能够保障她的长远利益。她试图反抗潮流所趋，在每一次小战役中都要获胜。如果你每遇到一个问题就要争论不休，跟同事们在会议上大吵大闹，那你就该问问自己，从长远的角度来看，这是不是一种制胜的策略。从南希的经历来看，这显然不是。

如果没有坚实的基础，在职场的战场上，你就别想获得胜利。南希在东星工作了三年，而且已经站稳了脚跟，所以跟同事们叫板是没有关系的，不过被拉泽网收购之后，她就没有这个优势了，她在东星所积累的成绩已经被抹去了。拉泽网的工作人员都不认识她，他们对她的行事方式和理念都不了解，他们否认了她的计划并解雇了她，这一点也不奇怪。他们收购了东星，因此他们要维护自己的文化是很合理的。南希更需要找到机会去接受这种改变，而不是与这种改变的趋势做斗争。

南希的最后一个错误，就是关心"什么是对的"，而不是"什么是对我的事业有利的"。跟别人争论观点理念，争论到被人解雇，这不会给你任何好处，无论你究竟是对还是错。在职场上，你的首要目标就是获得升职，提高你在公司集团中的职位。如果你这样去做，那么，你终将在某天获得升职，而与此同时也会收获名声、权力、财富等。我们许多人，都跟南希一样，行为方式都不够成熟。在还没能力捍卫自己的权益之时，我们只能非常重视对与错。

※　※　※

接下来，我们再来看看南希的一位同事的故事，他跟南希一起见证了那次收购，不过他的结局却跟南希完全不同。

/ 敢于接受改变的卡尔的故事 /

董事长说出"做出一个艰难的决定"时，卡尔就预感到会遇到一场惊喜。他曾经参与过公司的好几次财产清算，他知道公司的状况并不如同事们所想的那么好。

董事长宣布被收购之后，卡尔不禁回想起了自己的第一份管理者工作，以及当时他所在的公司跟其他公司合并时，自己的反应有多糟。可能让我"落后"了三年，他头脑里不断回忆着当年的情景，很轻松地耸了耸肩，但这次不会了。

补救措施

卡尔的朋友和同事不知道，虽然他是东星的高级销售经理，但过去的五年里，他一直都在试图摆脱职场失意，让自己恢复活力。自上次公司重组之后，他就对公司的格局等做出了错误的评估，而且他一直都没能摆脱这些错误所导致的后果的影响。"我就是接受不了那群陌生人进入公司，并告诉我应该怎么做。"他仍然能记得自己当时的心态，不过他现在也明白了这种态度是不对的。他当时认为，接受这种改变就等同于背叛以前的公司，因而不是正确的职场策略。

回顾过去，卡尔总是觉得不好意思，自己居然被情绪主导，而没有主动更换策略。最让他难过的是，那一段时间，他看到有许多才干不如他的人都得到了提拔。不过从那时起，卡尔就已经领教了这一教训。他那时就曾发誓，如果下一次还有这样的情况出现，他一定会做好迎接的准备，而这一次，他也确实做好了准备。

几个月之前，卡尔就开始为这一刻做准备了。一听说公司要上市，他就准备动用自己的策略了。无论看起来有多么平静，他知道一切都将会陷入混乱中。人们会换工作，离开公司。人们的处事方式、职位角色和职责都会很快发生改变。大部分人都无法好好把握这一局面，因此他也制定了自己的策略：

1. **乐于助人**：让新合并的公司及其管理者更容易接手工作。

2. **热情友好**：找尽可能多的机会跟新的职员打成一片。

3. **乐观积极**：不要花太多时间跟那些不满当前状况的职员在一起，即便避免不了要见面，也不要让其他人感觉到不适。

4. **沉着耐心**：在冲突和争论时，言行都要做到有理有据。

5. **勤劳肯干**：公司合并之后的前三个月内，早起晚休。

尽管他只是在一条鸡尾酒餐巾纸背面草草写下了如上的策略，不过卡尔这次却很清醒，而且也很自信他的计划会奏效。随后的90天里，这张纸巾一直都在他的抽屉里，此时正是使用这一策略的时候。

在大家认为的新股上市的公布日前晚，卡尔拿出了那件海军细条纹西服，遭遇大事的时候，他总是穿这件。作为一名销售经理，他很清楚什么时候才是重要的时刻。他安心睡去，因为他很清楚，无论第二天早上会发生什么事，他都已经准备好面对了。

正面交锋

会议结束，东星的每一位员工都很震惊，并开始沉思。

他们私下讨论，这次合并对自己的工作和所持有的股份会有何影响，但不包括卡尔。他开始实施自己的计划，会议结束不过30秒，卡尔就开始第一步行动了。他离开了座位，走上了主席台，跟他们的新东家打招呼，而东星的其他员工都人心惶惶，赶紧离开了会场。

"嘿，我是卡尔。"他自信满满地做着自我介绍，"露出你最诚挚的笑脸，"他提醒着自己，"久仰拉泽网的大名，能加入你们我真是太高兴了。"

"嘿，卡尔，很高兴认识你。我是拉泽网的董事长，杰夫·格斯里，他们是我们的团队成员们，"他领着卡尔去见拉泽网的管理者，"我们也很高兴能加入你们。"

当然，卡尔也有十年没听说过拉泽网了，在内心里，他跟其他人都是提高了几分警惕的。只有上帝才知道，跟这家名不见经传的公司合并以后的未来是什么样。不过跟他的同事们不一样，卡尔可不让自己的情绪主宰了自己的职场"剧本"。好公司、坏公司——那都无所谓。他已经做好了谋划，并且要按自己的谋划行事。

就这样，一连过了好几周，卡尔开始计划跟每一位愿意跟他交流的拉泽网的重要管理者会面，他跟他们吃饭，他赶赴他们下班后的鸡尾酒会。他跟他们谈论账目和战略措施，向大家传递着他对工作的热忱。他是唯一一个这样做的人，他的其他同事都对新东家怨声连天，很焦虑、很不耐烦。他们显然忘记了是谁收购了谁，也拒不承认这一变数。不过卡尔可没注意其他人在做什么。事实上，他一直对那些抱怨不止的人敬而远之，以防自己也变得跟他们一样。就算是他以前的同事都在嘲笑他被拉泽网"迷昏了头"，他也选择了不对这些嘲讽做出回应。

"我们走着瞧，看谁能够赢到最后。"他自我安慰道。

第二次机会

接下来的两个月里，卡尔仍然是这样做的，他继续尽量对新的同事保持热情友好的态度，而他的其他同事却总是在公然回忆过往的时光。自那次意义重大的全员会议90天后，公司主管向所有成员发送了一封如下的邮件，宣布公司要进行重组。

卡尔非常高兴，他知道他以前的同事会说他被迷昏了头，他是个两面三刀的家伙。不过卡尔一点也不介意，他现在成了部门总监，他的事业也回到了正轨。

恭贺拉泽网团队

我们的新家人加入团队已经三个月了，我们很高兴。我知道，这段时间对大家而言都很不容易，不过令我骄傲的是，你们的表现都很成熟，也都很耐心。你们都知道，这最初的90天里，我们已经做出了判断，应该怎样将两家公司完好地合并起来，我们已经制订出了一项令人兴奋的计划，要跟大家分享，不过在那之前，我们还要辞退一些人，并提拔一些人。

很抱歉通知各位，南希·马夸特要离开公司，我们真的要谢谢她过去三年来的付出……

接下来，我想要私下恭喜一下原东星公司的员工卡尔·威廉姆斯，因为接下来他将担任新的职位——本公司的国际客户主管，他将负责我们所有的长期合作的客户。我已经了解了过去的几个月里，卡尔的表现，我确信，他能够胜任这份工作。祝贺你，卡尔！

让我们团结一致，一起开拓美好的未来。

诚挚的

拉泽网董事长

杰夫·格斯里

/ 你个人的"策略"：接受别人讨厌的改变 /

在我的职业生涯中，这样的故事我都已经数不过来了，每天，公司中都有像南希这样的员工，因为拒绝接受改变而被解雇。在职场风云四起变幻莫测的时候，像南希那样的应对方式是不对的。不过初涉职场的人，面对这样的局面，极少有能够顺利掌控的。我也曾犯过两次错，之后才明白该如何正确地掌控局面，这可能让我的职业生涯停滞了五年之久。无论是公司合并，发行IPO，还是管理层人员变更或公司重组，都可适用同样的原则。

以下是三种能够让你快速接受别人所讨厌的改变，并将你送上高位的策略：

1. 做计划要灵活。你需要切实记录下你自己的计划，不然你就会被情绪主导，如果局势有重大变化，记录下相应的策略，让你自己有计划地做出行动，而不会太过情绪化。

2. 用你的头脑去选择制胜的策略，而不要用心。对局势做出客观的评价，看清楚哪一方更有优势，并加入其中。如果有别的公司收购了你所在的公司，或占据了你的公司的地盘，那就选择跟他们待在一起，不要去跟得势的一方为敌。

3. 放下你的自尊。如果你顺应了改变，人们会嘲弄你，取笑你趋炎附势，请忽略掉这些人，你的职业目标并不是要结交朋友，而是要升职。

学着推销自己

在这一部分里，我们将读到的是伊凡和彼得的故事。他们的故事给我们提了一个醒，虽然我认识的每一位经理都能够分辨这种陷阱，但类似的陷阱，我总看到有人陷进去。伊凡的故事是我自己年轻时当产品营销经理时的经历，而彼得的故事则是我的一位老同事曾经教我的重要经验。这两个故事的场景几乎每一家公司每一个部门都有过。我曾经在营销部见到过这样的故事，不过这种场景无论是在工程还是产品管理还是销售团队里都很容易发生。我们将弄明白，公司项目的成功为何更取决于内部成员的执行力，而不是项目本身。如果我们真的想要升职，那么我们就要避开不想要的结果。

/ "隐身人"伊凡的故事 /

车道尽头那个黄色的邮箱箱口上，插着一份《纽约时报》，露出来的部分约有一英寸多，伊凡逐渐减慢了车速，想要抽出报纸来。当时正是早上7:30，他刚刚完成了7英里（约合11.27千米）长跑，这一周来他一直都是保持这个状态。很少有人知道，伊凡是一个跑步能手，即便是30来岁的年纪了，他还可能在城际或洲际比赛中胜出。事实上，关于伊凡，人们了解的相当有限。他是个谦逊的人，从来不想"以自己为中心"，跟他那些自私的朋友们不一样。这并不是说伊凡是个缺乏自信的人，他几乎什么都会——运动、音乐到事业，他无所不能，他只是不喜欢就此自夸。

这天对伊凡来说很重要，他希望这一天能够顺利过完，没有什么重大的变故发生。他褪去了跑步穿的运动服，洗了个澡，穿上最喜欢的羊毛衫，伊凡对当天上午的年中业绩评估结果很乐观。

复杂的评估

伊凡任职未来e商的产品营销经理已经六个月时间了，他认为，自己的工作表现已经相当不错了。无疑，伊凡很有才，能够编纂营销目录，参加营销活动，跟公司里的一部分管理者一样。显然伊凡所在的营销团队成员和他的上司都认为，虽然才刚入职几个月时间，但伊凡的发展潜能是无限的。

不过并不是未来e商的所有同事都对伊凡的能力有如此积极乐观的评价。其他部门的经理们却质疑，伊凡究竟为公司做出过什么贡献，不过话都是半开玩笑半认真地说的。伊凡自己也承认，营销人员得到这样的评价并不是什么稀罕事，他还是要认真地思考一下，怎样为业绩评估做最后的准备。

他早早地就赶到了办公大楼，一副非常自信的神情。过去的六个月里，他为此付出了巨大的努力，他很想要得到认可，他盼望着当天上午的全面评估。

"我真不知道该怎么办，"伊凡的上司，营销副总塔拉抱怨道，她脸上露出了担忧的神情，"伊凡很机灵，他的工作完成得也很棒，我真的不知道这份反馈有这么……这么……废话连篇。"她突然不再说了，感觉有点儿抓狂。她很疑惑，为什么整个营销团队都对伊凡的业绩表现评价很高，而公司其他部门却都觉得很……普通。

塔拉非常困惑，于是决定将对伊凡的评审延期。她将先做一番调查，然后再向那个她一贯看好的伊凡公布坏消息。毕竟，她希望能够给予他更有用的回馈，以促进他进步。不过此刻，她却很困惑。在塔拉看来，伊凡精明能干，是个模范型的员工。她取消了评估，想再去了解一下伊凡。

商品推销的准备工作

伊凡不知道自己的业绩评估为什么会延期，不过他也没有想太多。"真不敢相信穿我最喜欢的羊毛衫会遇到这种事。"在洗手间的镜子前整理衣服的时候，他自嘲般地想道，心里觉得放松了不少。他知道他的上司有多忙，即便是最后的时刻延期或取消会议也很寻常，他们都很忙，所以他也没有去在意自己的业绩评估，继续投入到最新的营销活动之中，他认为，这次的活动能够让下一季度的销售量暴增。

伊凡已经为这次营销推广活动忙碌了一个月了。他已经完成了所有的相关调查、设计和广告媒介规划——做了所有必需的工作。他日日夜夜都在忙碌着为这次活动做策划分析，他很以自己的工作为傲。预定于周末举行的销售人员的内部会议召开还有几天时间，伊凡也就剩了这一点时间去为这次会议做准备了。虽然他看起来有一点担心自己的业绩评估，但这一次营销推广活动他非常有自信。

最后的这几天，伊凡一直在思考着营销推广活动的每一个细节安排。他已经分析过了之前举办的活动，了解了怎样做才是有用的，怎样做是没用的。他已经计算出了这次营销活动可能带来的收益，已经研究过了类似的最佳推广活动的示例，他已经考虑过了一切相关的事项。伊凡太过关注自己的这次推广活动，甚至还取消了跟销售经理们的每周会议。这次营销推广活动必须尽善尽美。

做营销推广的这一天，伊凡很满意自己已经考虑到了所有的细节。他的幻灯片已经进行了抛光，他的计划已经完善好了，他准备好了——至少他自己认为确实如此。

认真工作能够为自己代言吗？

伊凡停了下来，对与会的其他人而言这停下来的时间似乎漫长没有尽头，他声音有些颤抖，正努力让自己冷静下来。事情进展并不顺利，不过还是按原计划进行着。他让整个销售团队都参与了他的创作活动。活动的策划和执行——都是他一丝不苟地完成的，不过他才刚刚讲了一两点内容，就不断有人提出尖锐的问题。

"那我在管道方面的交易怎么办？这个广告不会对我的那些交易产生消极影响吗？"一位大交易销售经理提问道。

"这并不是顾客真正关心的。你这样做就像个新人一样！"一位年轻的销售代理大喊道，不过这种话说得并不合时宜。

这种质问一直持续了30分钟，最后，一直在聆听的塔拉才给他解了围。

"好了，各位，"塔拉掷地有声地说，"大家都冷静一下。你们为什么不能给伊凡和他的团队再多一周时间，然后我们再来讨论这个问题。"

就这样，会议结束了，伊凡呆呆地望着天空，不知道是该跑回家躲起来，还是直接在会议室里痛哭一场。

"怎么会变得这么糟？这太不合理了。"伊凡想着，脱掉了那件本来是自己最喜欢的羊毛衫。这看起来很不公平，而且也很让人困惑不解。他们显然没有理解自己的方案，显然并不能接受自己。他们只不过是推销员。他自言自语着，穿上了自己的运动服，一边为下一步行动做准备。

/ 我们能从伊凡的故事中学到什么 /

伊凡犯的错误，是很多极富才华的经理和年轻的管理者常犯的。通常，我们都认为，只要做好自己的本分工作，自会有人赏识。即便我们内心里也明白，仅仅高质量地完成本职工作是不够的，但我们都认为只要能够做好本职工作就够了。不过，按我的经验来看，项目的成功40%取决于工作的质量，而60%则取决于团队内部的人对该项目的看法。

在我的职业生涯中，我已经领教过这种教训不下10次了，当我非常忙乱心烦的时候，这种类似的事件就会发生，这样我就不得不经常提醒自己，这样的错误不能再犯。你所做的任何工作都对公司里的其他人，以及能够促成工作成功完成的人有影响，因此你所做的工作必须完全被人所接受，这一条道理，你们都不是刚刚才听说的。以前，我们就听到过这样的事例，这种道理众所周知，应该很容易接受。不过在现实中，我却很少见到管理者按这种道理去做。我正在写跟这个主题相关的书，也坦承自己不时也会犯这样的错。如果你能够明白自己的旧习惯有哪些不好的地方，那你就能找到机会，更有效率地提高你现在的工作表现。

没能获得升职并不是因为你不明白升职的重要性，我们都知道应该力求升职，没有获得升职的机会，是因为我们将事务的轻重缓急排错了，而且也对自己的成败做出了错误的评估。那些机灵又有才的经理者总是错误地将工作本身当作了自己的第一目标。而且我们总是有一种盲目的自信，相信只要我们努力高效地完成工作，那就足够了。不过工作光顾着质量可是不够的。

当大家都陷入忙乱之中，而且工作规定的期限也快到了时，我们就不得不只关心首要的目标了。因为工作质量通常都被当作首要目标，而公司内部的接受程度则经常被放到了最后，所以我们总是会陷入同一个陷阱之中。我们总是持有如下两条错误的观念：1.所有关心这项工作的人能够分辨什么样的效果是好的，什么是坏的；2.所有关心这项工作的人对好坏的评判标准都跟我们是一样的。每一天，我都能找到相应的事例证明，公司里的状况并不能够准确地印证如上的观念。

再看看伊凡的故事，我们会发现大交易销售经理只关心自己本季度的交易。如果没有意外，那么他还能靠这些交易赚一笔，因此任何可能让他失去这笔收入的变故都会引起他的不满，不过伊凡在此之前并没花时间做让大交易销售经理安心的工作。对高级的贸易经理而言，这事关他跟那些支持营销活动的合作伙伴还有供应商们的个人关系，如果有重复的活动他们当然提不起兴趣，不过伊凡却并不知道这个问题。最后，对那些年轻的销售代表而言，他们认为伊凡的提案没有什么吸引力，不过伊凡并没有采取必要的措施去应对这种情绪反应。

我们随时都能见到这样的事例，令人沮丧的是，对于像伊凡这样有才干的管理者而言，工作质量对他们影响不大。伊凡很有能力，他的团队和上司都明白这一点，不过，这回他的方案没有得到通过，而给他带来烦恼的，并不是他没有能力。采取必要的步骤让你自己在合适的时候升职，并让你不会面临像伊凡那样的窘境，本来是很容易做到的，伊凡却没有做到。也许，相较于本书的其他经验，推销你的工作是最容易的，也是能够让你的职位得到提升的最快方式。

提到推销自己，我们需要关注三个方面：观念推销、合作推销和成果推销。这三者都是非常重要的。

观念推销就是在你开始工作之前，就让"影响者"对你的工作产生兴趣。我说的影响者，指的是公司内外三到五个会因为你的工作成败而成败的人。不言而喻，要上这个榜单，必须是在公司内部有影响力的人。不要浪费时间，对那些不足以影响公司局势的低级别员工宣传你的工作。

最关键的是，不要太过关注自己的项目目标，而要清楚地了解你的"影响者"们关心的是什么。一旦清楚了这一点，你就一定会明白，你的项目成功，就能够帮他们达成他们的目标。这听起来很简单，不过现实中却难以有效地施行。我所认识的管理者们，总是从自己的角度进行宣扬——总是告诉人们，自己会怎样获胜，以及为什么自己的想法是不错的主意。你的想法应该体现出你的"影响者"们的成功美景，你应该去推销，去宣传，而不是宣扬你自己的目标观念。

合作推销就是让人们感觉到，你与他们是在一起的。这是为了避免人们做出消极的、不合理的、毁灭性的情绪反应，正如我们在伊凡的故事中看到的那位年轻的销售代表一样。最初的情绪反应可能会让情况产生不确定的变数，并破坏掉人们做出的积极努力。只要有人在，一点点消极情绪的苗头都会迅速蔓延给所有人。而合作推销就避免了这种情况的发生。

有效的合作推销策略就是除之前的三到五位"影响者"，还要扩展几位我称之为"潜力股"的人。如果你仔细观察，就很容易发现这种"潜力股"的人。这类人每次参加会议都会提出各种各样的问题，偶尔，提问之前还要跟别人交流。他们的第一种反应就是，对任何事都持有批判的态度，总喜欢给别人挑错。在公开发表你自己的看法之前，你需要花时间将你的观点都跟他们阐述清楚，这样，他们才能有时间理清你的思绪，一些不适合公开提出的问题，他们就会问到。经常会看到一些人，在某次陈述发言后，总是有很多问题要问，好像这么提问，能让他们收获成功似的。我不想出错；即便我被淘汰掉了，我也想听到公正的评价。如果我做完了我的准备工作，在我汇报工作成果之前，就要将所有"潜力股"都拉到自己的阵营，这样我就提前解决了问题。

最后一种内部推销就是成果推销。只要方式恰当，可以成为避免表现不佳的保险措施。然而，你们通常都是选择性地进行这一项推销，从长远的角度来看，这对你们是很危险的，太多的管理者只推销积极的成果而非消极的成果。这种策略是有缺陷的，会让其他人产生如下错误的观念：1.你只会告诉人们积极的成果，而你看不到消极的成果；2.你只关心最终的结果本身；3.一旦出现消极的成果，那么他们会让你为此而承担责任。如果你正确地对你的工作进行推广宣传，那么以上的假想状况就不会出现。

如果你想被人认为是客观的人，那么你就需要把你工作所得的所有成果坦诚相告。在你的职业生涯中，保持客观是很重要的，而且也很少有人做到。通常，人们都太过关心自己的目标。按我的经验来看，如果你保持客观冷静，你就能够让自己的工作为人所知，而且也会拉拢关键性的"影响者"来参与你的工作，你不必为不佳的后果而承担责任，因为参与其中的每个人都会承担责任。一旦出现了不好的后果，意味着每个人需要为失败承担相应的责任，没有人会把责任推到你身上。

※　※　※

接下来的擅长推销的彼得的故事里，我们将见识到，恰如其分的推销是怎样弥补工作质量低的缺陷的。我们将了解到，跟公司内部的人合作做推销怎么能让你的同事和上司促进你的成功，还有，即便在工作成果并不佳的情况下，这种推销怎么能够保护你。

/ "催化剂"彼得的故事 /

彼得感觉身心俱疲,本来前一晚可以跟近期一样,睡三个小时的。他是个热心人,一旦决定了要做某件事,就会倾情投入其中。这里的某件事就是城里的年度僵尸比赛上自己的服装,彼得很爱僵尸,他的朋友们也很爱,坦白说,他自己很希望活在一个后僵尸时代的灾难世界里,他也为此做好了准备。他面临的唯一问题就是,在现实和梦想的僵尸世界之间,彼得还需要工作谋生。因此,这个晴朗的周一清晨,他脱下了自己的僵尸服装,穿上了那件并不正式的西装,他关心的事务马上就转变成了那一周里他决定要开始的工作项目。

越过死亡线

亚伦很焦虑地盯着电脑屏幕。他对他的新雇员彼得非常疑惑,这让他很不解。这才刚过90天,他却没有见到彼得在面试时所闪现出的光彩。别人都夸彼得是个很专业的服务经理,不过令人困惑的是,他现在似乎一点也不关心客户服务。彼得已经竭力维持好了最近的第一个项目,不过亚伦认为这是因为大家对新人的要求不高,他很确信,彼得的下一次项目将会非常糟糕。他回忆起上一次彼得的工作表现,不禁开始忧虑,周五的下午汇报工作情况会如何。

其实亚伦不知道，彼得缺乏专业的客户服务知识和热情，不过他很擅长僵尸的攻击技能。有不可避免的灾难来临时，他就会动用这些攻击技能。大家都知道，一群有战斗力的僵尸，可以应对所有未曾预料的风险，这也是彼得真正擅长的。实话实说，彼得在那一周为销售人员做的新的服务课程只忙碌了不到一天的时间，不过他却跟来自销售部门的詹娜和迈克就此谈论了整整一个小时，而且也很自信他们和他持有相同的想法。

事实上，公司之所以让彼得接手这个项目，缘于数周之前他跟东星的另一位销售经理杰夫的交谈。杰夫也是一个热衷僵尸的人，狂爱《行尸走肉》（热门恐怖美剧），却并不热衷《活死人之夜》（热门电影）。"不过是刚入门的而已。"彼得回想起他们相遇的情景说。那天晚上，杰夫和彼得谈论僵尸，说着说着，杰夫向彼得抱怨工作中的问题，于是，彼得改变话题，提出了自己的看法，阐述了他对工作项目的理念，以便让杰夫放轻松，杰夫似乎全神贯注于他工作中遇到的问题，不过这不重要，他似乎同意彼得的观念。

这天彼得跟詹娜和迈克的午餐也很愉快，但其间还是出现了一两次紧张的时候。彼得向他们提出了自己的观念，想要他们确认自己是对的，他也知道，詹娜特别挑剔，而且头脑清晰的时候说话总是直言不讳。他听到了，詹娜和迈克在谈他跟杰夫谈论僵尸的那个晚上，杰夫提出的同样的问题，不过，他们与杰夫的观点明显不同。

"按你说的，我们的合作伙伴正在消失。"詹娜说，她的话有点过于夸张了。

"而且，我们没有太多的服务收入维持那个项目，"迈克更加客观地说道，"我们需要用一种方式增加更多服务，而不用劳烦我们的伙伴做出妥协。"

"杀了我吧，而且要用恰当的僵尸斗技，确保要砍掉我的头。"彼得跟詹娜和迈克就工作问题在一起谈论了还不过五分钟，就发现，他们所谈论的效果跟他们原本期望达到的效果正好相反。通过与他们交谈，彼得明白了，自己说的，只关心了公司内部的服务团队，而没有关心那些服务合作伙伴。彼得努力控制住自己，以便不马上从餐厅里冲出去。但他很快就恢复了理智，并决定对自己的项目做出改变。

"完全同意，"彼得努力克制住自己想冲出去的冲动，假装同意道，"这也是为什么我的新服务只能交给我们的合作伙伴售出，而不是我们自己直售的理由。"他继续编造道，"现在不是跟我们的合作伙伴竞争的时候，我真的希望这一小步能给公司指明一个新的方向。"他终于回归了主题，而且也真的开始这样认为。把自己的计划全部坦白的时候，彼得感谢自己的幸运星，让他有机会在做最终的陈述前跟主管们就此谈论了一番。

清算

最后，彼得提出了亚伦早就发现的三个糟糕的问题，这并不是说他的理念很糟糕——很不理想——不过这样提出太过贸然，而且时机也还不成熟。彼得停下来，将自己的计划交给了与会人员，要求他们做出评价，亚伦觉得非常紧张。"看起来不妙。"他心里说着，就像是被一群僵尸围攻的人一样。他做好了挨批的准备。

"我只想说，这真的很棒，"一位销售副总大叫，亚伦都怀疑对方看的资料跟自己看的根本就不是同一份，"终于，服务部终于有人在思考扩大我们合作伙伴的业务了，我真的很高兴。"

"喂！嘿！"詹娜也对着麦克风喊道，"这正是我们在这方面所需要的。"

"你干得不错，彼得！"一个声音喊道，亚伦确信，这是公司的首席运营官发出的声音，这个声音也让亚伦确信彼得获得了成功，"我们很高兴有你在。"

彼得还遇到了一些更直接的问题，不过他也都应对自如，而且会议结束的时候，他对自己很满意，也很高兴，他能够早点儿回家继续完成他的僵尸秀服装了。亚伦虽然有点不明白，但还是很欣慰地摇了摇头，并决定让彼得留在公司。

/ 你自己的"策略"：学着为你的工作做推销 /

伊凡和彼得的故事提醒我们，把自己的工作报告交给主要的"影响者"有多么重要。这一点很关键，通常它能让人对我们的工作质量高低做出错误的评价。总而言之，伊凡花费了大量的时间和精力做自己的工作，不过还不等开花结果就枯萎了。他看重调研和分析，而没有想着为自己的付出做宣传。而彼得却几乎没有花太多的时间为工作而努力，但却确保让自己的同事们听到了他们希望了解的内容。公司里有很多人能够影响到彼得的工作，即便是项目失败了也不会给他带来任何的伤害。以下是一些供你们使用的策略，可以让你牢记为自己做宣传是你的首要目标：

1. 知道你的"影响者"是谁。确保认识三到五位能够影响自己工作成败的关键性人物，寻找的关键性人物是为人坦率和爱批判的人。

2. 为自己做三次推销"广告"。好的"广告"一开始就是要让人们赞同你的基本理念，然后偷偷地将关键人物——"影响者"拉进自己的阵营里，最后让"影响者"对自己的方案做出客观的评估，让人们接受任何可能出现的结果。

3. "广告"是最重要的，但是忙碌起来之后，就可能会忽略掉"广告"的重要性。让你的工作耽搁一会儿，投入一点时间让你的"听众"做好准备，为你的工作扫清"障碍"。

避免只关注结果的闹剧

在这一部分里，我们将了解到波利和杰克的故事。毫无疑问，向我咨询的大部分管理者都很抗拒这条经验。要遵循这条经验，我们大部分人都很难这么自律。这两个故事都是我早期的职场经历，那时候，我当然也没有这么自律。直到多年后，我才发现了波利和杰克两人的心态最重要的区别，这时我才明白，对一位管理者而言，目标的优先程度排序，是多么重要，能够决定他的成败。让我们来看看波利和杰克的故事，然后剖析一下，从中学到一些职场策略。

/ 爱表现的波利的故事 /

这是硅谷一个美丽的周一清晨。一大早，割草机的声响就在提醒人们，今天的天气很美好。一醒来，波利就知道，今天是属于她的。前一天晚上，她收到了上司兼导师奈尔森的电子邮件，之后她就睡不着了。一条含义模糊的标题——"讨论新的机遇"——这只能有一种含义，不是吗？经过了两年之久，而且也无数次地牺牲了外出跟人聚会的时光，波利终于要获得升职了，她也应该要升职了。

仅仅是开始

波利在一家名为9vine.com的网站工作，这也是硅谷最热门的社交媒体。这家公司发展势头迅猛，公司的每一个部门都感受到了这种不断扩张带来的压力。虽然波利不是唯一一个感受到这种压力的人，不过她的这种感受特别强烈。作为市场营销经理，波利的工作很有压力，而且每天她都要付出全部的精力去应对。

波利能够想象到，自己努力工作会收获怎样的回报，不过她身边的其他人却并不像她这么看。数月以来，波利的家人朋友一直在劝说她放弃奈尔森这边的工作，并找一份新的工作。她似乎总是很疲惫，但波利并没有放弃，她一直都忠于奈尔森。

老实说，奈尔森有点儿专横独断，说他很注重结果还太保守了一点，他目光短浅，只关心数据，对下属的员工他也是这样要求。如果不是本季度重要的事件，奈尔森根本不愿意听。波利的全部心力都耗费在收集数据上，不过她有时候也会困惑，因为他们是营销部门，因此总会需要用更长远的视角去看待工作。

没必要欺骗自己，波利确实有时候觉得不值。奈尔森对工作非常热忱，她耗费了95%的时间去思考，该怎样去满足他的要求。在为数不多的平静时间里，波利有时候担心，自己并没有学着去成为一个更优秀的营销人员。是的，她已经学会了该怎样吸引更多的人来浏览网站，怎样提高他们在Google上的搜索

排名，但她有时也会努力克制住自己，不理会脑海中提醒自己
罔顾大局的声音。

"现在一切都没关系了。"波利微笑着想。今天她一切
都准备好了——所有的数据，所有的结果，她都准备好了，他
们想知道的任何事，她都会准备好，波利期待这一天期待了很
久了，好像这一天来了就不会走了。这是她两年来第一次觉得
轻松。

当然要改变

波利很快就决定好了自己要穿的衣服。特别的日子需要特
别的装扮，她穿上最爱的"权力套装"（有名的西服套装），
波利不禁想起来该怎样花费多加的薪水，另外她的新办公室也
会比现在的更大，她也开始思考该怎样布置新的办公室。几乎
没有人知道，波利一直想买新的房子居住，但她手上没钱——
直到现在，她叹了口气，总算松了口气。今天一定会很顺利，
波利很确信。

9vine.com的办公室今天看起来氛围比平常更为活跃。波
利走进办公大楼，前往会议室时，不禁注意到一大群人都在晃
悠，似乎是在等着9：30的好时光。她已经为了工作花费了太长

时间，几乎没有机会跟她的同事们联谊谈心。所有媒体同行们都说这家公司氛围挺不错的，波利却很少体验到。

波利提前进入了会议室，希望能够等到奈尔森，因为奈尔森一贯不喜欢迟到。她并不是独自一人在会议室，正当她准备跟前面坐着的陌生人打招呼的时候，会议室外突然骚乱了起来。

奈尔森局促不安地从波利和那位陌生女人所在的会议室门口经过，手中抱着他的东西，波利露出困惑的神情。

"没有足够的电子商务经验。"他茫然地离开办公大楼，自己咕哝道，对自己被解雇感到惊愕。

公司决定，让奈尔森的销售团队的工作重心转移到电子销售上来，不过奈尔森不愿意接受这种安排，现在，他在公司里所有的努力都白费了。过去的两年里他一直努力地在忙着提高网站的浏览量，突然间，再没人在意他所做的工作了。

开会的时候，奈尔森的上司很激动，对他的离开表示抱歉，肯定了奈尔森的专业性和他在公司的价值，但公司决定换一个项目，只能放奈尔森离开。很快，他就会离开了，他们已找到人顶替他，显然，接任他职位的就是那个坐在会议室的陌生女性戴安，她做电子商务已经20多年了。"我很肯定，20年前，电子商务还只被称作'商业'，现在却发展成为商务了。"上司说，慢慢地平静下来。公司希望，戴安能够积极地做到最好。

奈尔森不知所措地走进停车场，他不禁回忆起了曾经跟波利在一起一丝不苟地核对数据的夜晚和周末时光，他感到很遗憾。"可怜的波利，"他想，"希望她能化险为夷。"

从刚坐下的时候起，波利就觉得情况不对。她脑子里一直在想着这几个问题：奈尔森去哪里了？我身边的这个陌生的女人是谁？为什么我穿这套衣服还汗流不止？

前两个问题不久就得到了答案，因为面色苍白的奈尔森从会议室外走过，手里抱着他自己的东西，看起来十分慌张。

"我会被解雇吗？"波利并没有跟人打招呼，也没等自己平复心绪，就穿过了会议室，自己问自己。

接下来的15分钟里，她却像经历了一场漫长的旅途，这段旅途让她学到了很有价值，但却令人痛苦，她永不会忘记的教训。

波利一直浑浑噩噩的，最后她回忆起了如下几点重要内容："公司已经发生了一些改变。""我们做出了一些调整。""我们都知道你曾在这里做出过很大的贡献，不过……""现在我们的工作重心是电子商务。""我们希望你能从底层做起。"只有那些影像图片和原声录音才能让她明白过来。

现在结果很明显了：奈尔森被人顶职了，波利将进入电子商务部，成为其中的职员，她的上司是戴安。"电子商务，"她想道，"我一点儿也不了解电子商务，过去的两年里，我一直在忙着收集网站浏览量。"

她跟戴安的首次会晤进行得颇为尴尬。"我们网站单月的访问量已经突破了十万！"会晤时，面对一个与此毫不相关的问题，波利喊出了这一句话。她太过急切地想要证明自己的价值，却没有想到这跟她目前的工作毫无关系。她听到的回复却让她很难受，而这似乎也为她和她的新上司之间的关系罩上了一层阴影。

"太棒了，"戴安用一种高人一等的口吻回应道，"不过这跟电商销售有什么关系？"

不过如此

接下来的几天，波利的情绪起伏很大，几近疯狂。她跟戴安一点也合不来，因为她在电子商务这一块根本没有经验，对此也没有一点头绪，戴安也没有时间和耐心来教导她相关的概念。戴安本希望获得一位对电子商务非常有经验的专家能手，因此对波利这样有经验但经验却不在该行的员工很苦恼。

更糟糕的是，波利并没有从情感上接受这种改变，回顾这段时间，波利一直都在为这次变更而悲伤难过。她发现，自己总是在跟戴安争吵，有时候她还对一些无关大局的小问题斤斤计较。她似乎是在跟上司作对，以证明自己的价值，不过她的每一次尝试似乎都产生了事与愿违的结果，她实在控制不住自己。事后回顾一下，波利才察觉到，这样跟新上司作对是徒劳无功的，但她前两年在奈尔森麾下时工作十分努力，而她也很可能得到提拔，波利认为之前的那些努力自然应该得到回报，然而事实上并没有。

只要有机会，波利就会向别人宣扬自己曾经做出过的贡献，她以前就像上了发条的钟一样任劳任怨，达成每一个预期的目标。她试图告诉戴安，她和奈尔森曾经工作的每一个细节，不过因为他们的工作重心发生了改变，所以戴安并不太关注那些。是的，她偶尔也会点点头，对他们曾经的成功给予肯定和赞扬，不过这些显然跟戴安所负责的工作毫不相干。

两个月过去了，波利跟戴安的关系并没有得到改善，波利在电子商务方面的领悟力也没有得到提升。在几个月的时间内就让她学会关于电子商务的所有内容，这对她来说负担太过沉重了。因为她不切实际的愿望，波利还跟戴安发生过多次争吵，这是令她深感遗憾的事。

奈尔森被开除90天后，波利也终于走上了这一条道路，戴安要求波利去她的办公室，有坏消息在等着她。

"波利，很抱歉通知你，公司已经决定开除你，"戴安说着，看起来非常同情她的样子，"你也知道，我们现在的事务都是跟电子商务相关的，我们也真的很需要这方面的行家里手。我们很感激你在这里所付出的努力，不过现在我们需要做出改变了。"

这场会晤持续的时间仅仅两分钟，波利什么也说不出来，她早有预感，这一天总会来的。虽然波利对此并不感到惊讶，而且也接受了这一不可避免的现实，她还是很惋惜遭到了这样的厄运——两年来一直为奈尔森而忙碌，并期待能够升职，穿着那一套可笑的西服坐进了会议室里，却遭到了解雇。一切都只是眨眼间的事。

这太不公平了。

/ 我们能从波利的故事里学到什么 /

对许多人而言，波利的遭遇让他们感同身受。从表面上来看，波利确实运气不佳，不过这并不是她被解雇的理由。波利失败了，是因为她江郎才尽了。她的命运证明了只专攻某一项特定技能、只关心短期的结果是有风险的。公司的改革是无法避免的，越来越多的公司正在逐年进行变革，你必须对此有所准备。

波利给我们的这个教训是很有价值的。之所以强调这一点，是因为这个教训是有才华的年轻人很难以接受的。

在职场上，人们普遍过分关注自己工作达成的结果，不过工作达成的积极结果，对公司有利，而对个人无益。正如波利那样，执着于结果，就会选择性地忽略能够带来长远利益的事物。波利放弃获得另一项专长，而只关注跟奈尔森工作时得到的成就，这样的选择，太过依赖奈尔森的个人成功（让她和奈尔森绑在了一起），而且她还把增加网站浏览量当作唯一的专业技能。

波利自己并未意识到，不过她确实成了我所称的"达人型"专家，也就是那种仅有一技之长的人的专称。这跟我们之前提到的那种总是获得成功的"万事通"完全相反。发挥自己的一技之长是大家普遍接受的职场策略，但这样做有相当大的风险，其风险比用这条策略在职场上获胜的可能性更高。在这种情况下，拥有专长的优势在于，如果你的技能一直都是有用的，那你就总会有相应的工作要做。然而从另一方面而言，这种策略之所以糟糕，是因为它有如下两个缺陷：

首先，只专注某一种结果或某一项技能，就是在赌，赌它们总是对你的公司或你所在的行业有用。后来，波利很痛苦地明白，通常，公司做出突然而重大的策略性的改变时，你的专业技能，包括你本人，马上就可能变得毫无价值。过去的数年里，我就见证了自己的专长发生的这一改变。营销这一行业发生了巨大的改变，也淘汰了许多以前的营销专员。社交媒体和手机从根本上改变了顾客购买商品和服务的方式，结果，许多营销人员都从我们面前消失了。如果你不将增加技能作为每天的作业，无异于犯了一个重大的错误。

追求单一专长的第二个缺陷是，在上司的眼皮子底下缩小了自己的职能范围。这是很糟糕的，因为除了你现在在做的职位，别人不知道还能把你放到哪里，而且这跟你对你所做的行业有多么熟悉无关。在上司的心目中，每一位下属都有自己的位置。在波利的案例中，波利是一位网站流量专家，当公司主营项目变成电子商务时，她却不能改变自己的专长项目。的确，波利在新的职位上并没有尽到职责，不过改变自己的专长是一个缓慢而艰难的过程。

波利的案例，和下文的另一个案例，是两个很棒的案例，解释了为什么你需要花更多的时间去拓展自己的技能，而不要花太多的时间去追求短期的积极结果。普通人一生可以为十多家不同的公司服务①，职业的成败完全能通过任职期间的表现看出来，不必花费太多的时间和精力去追求短期的目标。波利为此付出了巨大的代价。

我个人就曾为我的上司不知疲倦地工作数年，只追求工作的成果，结果，我的上司却被新人取代了职位。这时候，我才明白，自己的工作成果并不会由之前的上司转交给新任的上司，不会从一家公司转交到另一家公司。总而言之，每一次任职新的岗位，你都必须按照新岗位所要求的新视角看待问题。不断拓展自己的多项技能，学着去了解你所在的公司人文氛围，这比关注短期的结果更有价值。抓住了这两点，你的职业生涯才会畅通无阻。

我们总是能看到关心结果目标的言行："帮我去调查清楚。""我怎么才能赚到这笔钱？""都必须用数据体现出来。""我们日常的工作能够体现出我们的工作表现。"

我们都曾说过这样的话，我们也总是听从并遵循它们，将它们视作则场上的真理。神智正常的管理者不会去质疑这些话背后的逻辑性，因为如果公司氛围不对，那么你按以上的言行去做，无疑是职场上自杀式的行为。不过跟所有的创新活动一样，改变你的职场策略的第一步，就是要对旧有的职场策略提出质疑。

真的都要用数据体现出来吗？为什么我总是要把一切都调查清楚？我为什么要把所做的一切工作都跟收益挂钩？

工作成果的保存期限很短，而你过人的技能本事，却是无论经历多少时间、换过多少岗位都有价值的。回顾你自己的就职经历，有人真的在乎你七年前在另一家公司的销售额增长了34%吗？更深入一点，是34%而不是31%真的有关系吗？我可以说，一点关系也没有。从另一方面而言，拓展新的销售渠道，或者根据要求拓展自己的技能能够让你在未来获得更多更重要的职位。

因此，在决定耗时间为工作进行投资的时候，你必须从多方位、多公司的视角，为自己的职业做最好的谋划。

※　※　※

Up工作法的七个要素

接下来在杰克的故事里，他的职业规划不是以目标和结果为导向的，能够适用于你们。

/ 通才杰克的故事 /

这里真是太冷了。从温暖的拉斯维加斯回来后，杰克发现，住在东海岸边真的很难熬。他的公寓空间逼仄，而且很冷，一点儿也不宜居，跟公寓外面的广告标语"曼哈顿最舒适的寓所"完全不符。不过杰克并没有管它冷不冷，收拾行李箱里的东西时，他仍然能回忆起在拉斯维加斯过的那一周有多么惬意舒服。

刚刚过去的那一周，杰克参加了世界最顶尖的社交媒体营销会议。他期盼这次会议已经好几个月了，不过并不是因为家人和朋友开玩笑说的"去看热闹的拉斯维加斯"，而是因为他真的很享受有专门的时间去认识新的事物。杰克为了能参加这次会议进行了多方游说，而这也是完全值得的。他的上司艾琳却不愿意一口答应下来，她并没发现这种活动的意义，可能会认为，杰克是想花更多的时间去游玩，而没有太关心会议本身。他从相机里删除一些并不太合适的照片时，想道：这次行程多棒啊。

在拉斯维加斯……他想着，对自己微微一笑。

两个"通才"

杰克很爱学习，事实上，这需要他付出不做日常工作的代价。从名义上而言，他是互联网行业资深的项目经理，不过还不能说他就是老虎品牌合作伙伴的一员。过去的两年里，他的生活发生了改变，他做了足够的工作来达成公司的要求，同时也利用公司提供的机会，不断学习新的知识和技能。事实上，过去的三个季度里，他花费了特别多的时间进行调研，并学习新的数字化营销技巧。总而言之，杰克基本上已经获得了职场的MBA学位（工商管理学硕士）——不过是谷歌大学颁发的。当然艾琳很快就会发现这一点。

杰克回忆起了这次会议期间许多精彩的经历——钢琴演奏比赛之夜、乌克兰杂耍之夜等等。其中有一件事他印象尤为深刻。他偶然间遇到了他们的全球营销副总比尔·马修斯，他也是为了参加那次会议而去的，而且比尔很高兴在那里跟杰克一起参加会议。对杰克和他的同行们而言，比尔更像是一个传奇。杰克也是上周去参加会议才见到比尔本人，而且也很高兴能与这位偶像级的领导者共度一段时光，尽管时间并不长。

虽然杰克因为这次会议时的经历而欢欣鼓舞，不过那天傍晚，他突然收到了一份神秘的会面邀请，标题是"新机会"，这听上去就像是要解雇他，让他离职似的。不过现在担心这个是没用的，杰克发誓不让任何事干扰他主要的职场计划。

胜利，胜利，大获全胜

尽管艾琳有时候会批评杰克不务正业，但杰克和她的关系总体上来说还是不错的。艾琳希望他能够更关注网站性能，并确保他们的搜索频率很高，这似乎成了她的首要任务。但杰克不得不称赞她的好品质：因为艾琳每个季度的表现都很不错。作为一个团队，他们已经连续五个季度稳定了网站的浏览量。如果说艾琳真的有什么擅长之处的话，那就是搜索引擎优化。

虽然他的上司痴迷于网站的浏览量，但杰克总觉得工作的任务和目标远不止如此，每天的工作并不能让他学习到更多自己希望钻研的知识。杰克的主要计划是，在接下来的五年里成为公司的营销副总，不过，如果他只知道怎么增加网站的浏览量，没有人会认为他能够成为营销副总。因此他不断钻研调查，参加各种相关集会，学习关于营销的知识，他希望成为一个具有多方面才能的经理。

不幸的是，有时候他渴望学习的热情让他无法完成日常的工作。近两个月来，他都没能达到月度目标，他和艾琳的关系也因此变得有点紧张。这并不是什么大事，不过显然艾琳认为他已经开始干副业了。他跟自己做了个约定，如果第二天他不会被解雇的话，那么接下来的两周里，在开始个人的课程学习之前，他一定要就网站浏览量的问题跟艾琳好好谈一谈。

第二天上午，杰克去见艾琳的时间比预定时间迟了整整五分钟。杰克总是迟到，这一点众所周知，而这也是令艾琳感到不满的地方。不过这次情况不一样，因为杰克发现，会议室里只有他一个人，艾琳还没来。

艾琳究竟去哪儿了？他想。他越等越不耐烦，心里想着要是前一晚没有删除那些照片就好了。不过还不等他想更多，他就发现了问题的答案。

艾琳怒气冲冲地冲到了会议室窗口。"他们怎么能这样？"好像有人说过做过什么令她感到遗憾的事情。她透过会议室的窗户，看着杰克，而他显然什么都不知道，只是看起来有点困惑、疑虑。艾琳的恼怒和不敢置信逐渐转为了悲伤难过，她有点怀疑，自己怎么会遇上这样的事。

显然，公司在重组。华尔街的分析家称，他们不太喜欢社交媒体，很快就会成为行业里的"恐龙"（过时、落后的人和事物）。"恐龙？"艾琳愤愤地想，对自己苦笑了一下，"幸好，我们是一家软件公司。"

虽然如此，老虎品牌伙伴还是希望开发新的业务。管理团队决定，尽管艾琳为公司付出了诸多努力，但他们需要在社交媒体营销方面更有经验的人才。虽然艾琳听到这个消息时感到很难受，但更让她难以接受的还在后面。

艾琳离开的时候闹出了很大的动静，杰克终于明白过来发生了什么事。他惊讶地看着她冲过了他所在的会议室——手中抱着一个箱子，穿着一套时髦的西服，对所遇到的人都是恶言相向。

天啊！杰克心想，他很快就意识到，公司一定是开除了她，那么接下来就轮到他了！如果每天都尽职尽责完成工作的艾琳都离开了，那他也一定会离开的。

杰克认为，自己主要的职场计划就此泡汤了时，他之前遇到的那位营销副总比尔走进了会议室，坐到了他身边。

"杰克，很抱歉让你看到了这一幕，"比尔说，"艾琳是个很不错的人，工作也很努力，解雇她我们真的很遗憾。不过我们已经决定重整旗鼓，迎接21世纪。"

"那我也被解雇了吗？"杰克傻傻地问道，他根本没想好要怎么应对。

"解雇？噢，不，杰克，对不起，"比尔说，好像并没有跟上杰克的思维，"我并不想恐吓你。我们希望你能来主管这个部门。我们知道，你拥有我们需要的社交媒体运营技能，你在这方面也很有经验，能够加入我们吗？"

就这样，杰克的生活发生了令人惊诧的逆转。那么多个月里，他一直没能去关心网站浏览量，他的工作也有所欠缺，却一直花时间和精力去拓展自己的技能，终于，他获得了自己想要的职位。

虽然杰克忍不住会为艾琳而感到难过，但他对自己还是很满意的，他的职业目标终于实现了。

/ 你的"策略"：避免追求结果的闹剧 /

我们从波利和杰克的故事里学到了很多。许多人在自己的职业生涯中都有类似的经历，这种经验教训可能看起来违反常理，跟你的同事们的行为很不一样，不过这才是关键所在。你无须太过关心结果，你应该有目的地将时间投入在工作的同时拓展自身的技能，这是你在面对公司部门变化的时候最好的保护武器。投资于技能，获得回报的时间比投资于只关注工作结果的时间长。五年里，没有人会关注你本季度的工作成果，但他们会关注你所掌控的技能的工具。你可以将以下的三条重要策略加入你的职场"策略"里，它们会确保让你在工作的时候，恰当地投入自己的时间和精力。

1.重新分配你的时间。花更多的时间用于拓展技能，而不要太关注工作的成果。每天花20%—30%的时间学习新的技能，用以拓展自己的专长，而不是只花时间做自己最擅长的工作。

2.传播你的知识。告诉人们你都在学习什么，以及你所收获的东西。他们需要你能够承担更多的职责。

3.做长久的打算。职业过程中，你可能会就职多家公司，有多位上司，不要将你的未来捆绑在某一个人或某一项技能上，在如今这个不断变革的社会中，你需要多方面的技能，而不能只专长某一项技能。

不要跟喜欢抱怨的同事打成一片

在这个部分里，我们讲到盖瑞和拉里的故事。在我的职业生涯中，曾见到过多次类似他们的故事。盖瑞的故事源自我最初的管理经历，而拉里的故事发生在我的职业生涯中期，那期间我真正接受了职场的考验。这两个案例告诉我们，情绪控制决定了你的升职或离职——它的作用十分强大，事实上，那些非能力型管理者就是用这一点来弥补才干不足的缺陷。作为管理者，需要了解这种"软"技能的作用，正如我们所见的那样，这种技能才是让我们成功的关键。以下的两个故事讲述的是低层员工和管理者经常犯的错误，即经常以自己的情绪为主导。

/ 跟同事打成一片的盖瑞的故事 /

盖瑞认为，自己的职业生涯中，再没有比那时更快乐的时光了，他终于找到了一个像家一样温暖的工作单位，盖瑞第一次真心期盼着去上班。差不多两年前，他顺利入职了G科技有限责任公司，成为公司的数字营销经理，这让他有机会跟一群他很喜欢的人一起工作。盖瑞很清楚，因为他在公司的数字化战略专业方面的影响力很大，所以公司里的某些人认为他是公司的明日之星。

事业上永远的好朋友

在很多方面，盖瑞总是觉得，自己的日常工作时间更像是大学时光。他和同事们大部分时间里都在彼此逗乐开玩笑，说他们是在"工作"似乎是错误的，但这也不是说他们并没有真正投入工作之中。事实上，他们这个小集体里的人都是很有才华的，这从他们的工作中就能发现。此时，盖瑞已经完全适应了这里的工作氛围，跟那些在职场上并不顺利的家人朋友们在一起，盖瑞发现自己和他们真的没有什么共同语言，盖瑞很庆幸能获得这么棒的工作。盖瑞还认为，自己一定能在第二年初成为公司的总经理，这个职位是大家都很垂涎的。

坦白地说，盖瑞的工作并不总是顺风顺水的，例如，他的上司吉罗，就是一个很难与之共事的人。按照盖瑞和同事们的标准来看，吉罗既没有营销的专业技能，也缺乏相应的经验，有时候，吉罗似乎并没有总是改变目标，他的事业似乎总是不见起色。吉罗到办公室传达任务时，总是大声叫喊，就像是全美橄榄球联盟（NFL）的四分卫，在训练比赛的时候大喊"开始"。吉罗很粗鲁，也很难与人共事，盖瑞和他的同事们最近给他取了个绰号，"零号吉罗"，这当然只是背地里的戏称而已。不过，盖瑞也在心底里告诉自己——他的同事们也都跟他说——吉罗被解雇之后，我就是接任他的头号人选。

财政年度（财政年度又称预算年度，是指一个国家、公司以法律规定为总结财政收支和预算执行过程的年度起讫时间。从财政角度看，称为"财政年度"；从预算角度看，称为"预算年度"；从会计角度看，称为"会计年度"。这三者应当是一致的，通常以一年为单位）即将结束，盖瑞和他的同事们愈加怀疑吉罗作为部门经理的能力。与此同时，他们也越来越经常拿吉罗来开玩笑。有那么一两次，同事们在吉罗在场的情况下对他翻白眼，并嘲笑他，就连盖瑞都觉得难受。而吉尔却跟这群人不一样，她告诉他们这样做不好，而他们却只是一笑了之。毕竟，只要公司的管理团队发现吉罗究竟有多么无能，那么吉罗就一定会被解雇。一贯沉稳的吉尔居然为这件事来反驳他们，盖瑞虽然觉得很震惊，但也只是耸了耸肩，并没有把这件事放在心上，而是仍然跟其他人一起玩乐。

盖瑞和他的同事们自信程度越来越高，也越来越团结，最近，他们开始自称为营销专家。他们更像是高校的派系团队，而不是公司的营销部门，公司的会议、活动和餐会上，他们都聚集在一起。他们周末一起娱乐玩耍，工作后一起喝酒闲谈，而且他们的聚会通常不邀请团队以外的其他人。除了他最爱的"专家"同事们，盖瑞在办公室也几乎不跟其他人打交道。他跟部门里的同事们一起参加会议，一起出差，他们总是为同样的事务而忙碌。一两周前，盖瑞甚至找借口推掉了跟另一位销售总监一起喝咖啡的机会，那位总监据说是跟吉罗一样令人讨厌的家伙。

这一年的十二月某日，下班后，盖瑞等到了自己期待已久的消息。营销部门发生了一点改变，第二天上午要开会。整个团队都将出席讨论这场"公司的改变"。

"真棒！"盖瑞欢呼着，拳头砸在一位同事身上，这是吉罗的标志性动作，这时，他们都大笑了起来。终于，吉罗要离开了，盖瑞将会成为部门的主管，一切都会更好。他们将努力工作、奋斗，带领整个公司登上新的巅峰。

吉罗想做销售

这衣服看起来很合身嘛。吉罗经过会议室的时候，一边在会议室的玻璃窗上欣赏着自己的影子，一边想道。他已经期待离开营销部，回归销售部很久了，此刻，他难掩自己的激动心情。他很高兴能够告别这一职位，前一天晚上，他外出买了一件最小的摇滚明星装，他看起来很不错，为什么会不好呢？他终于要干销售这个老本行了，而且这一次，他还成了一个大领导。北美地区销售副总，这个职位看起来很棒，他一边吸着烟，一边回忆着这两年来的经历。

最初，公司邀他任职营销部门的时候，吉罗是不太愿意接受这个职位的，他并不害怕会遇到挑战，不久前，他的球队很幸运地赢得了州足球冠军的头衔。他的老校友朱尼尔，是这家公司的销售总监，他告诉吉罗，如果吉罗愿意去营销部，有什么问题他会尽力帮忙。不过，他还是不喜欢营销，而且他也对管理部门不感兴趣——当然主要是不想在这个部门干。不过，他还是像一个优秀的士兵一样，接受了这份工作，虽然不喜欢，但也尽职尽责地完成好了自己的工作职责。

开始的时候，吉罗的工作很糟糕。他无法融入新的团队，而他们也不喜欢他的管理方式。坦白说，他更像是大学里的足球教练，而不是一个优秀的管理者，不过他只熟悉教练式的管理方式，他不明白为什么下属们都不理他，但吉罗决定只关心回报。他的终极目标就是回到销售团队，这个目标给了他前进的动力，因此他的团队开始有点不受掌控——总是嘲笑他，甚至讥讽他，他都选择了无视。其中有那么四五个人，真正让他感到心烦意乱，老实说，他现在还分辨不清哪些员工是他们这个部门的。脆弱的时候，吉罗也会想，如果他们像他的那些球员朋友那样对待他，那么他们这个部门会不会就像他的球队一样团结。部门里的某些人确实比其他人差劲，不过老实说，这其中，不给他惹麻烦的人就只有吉尔了。吉尔并不是这个部门最优秀的职员，不过，只要有什么不对，吉尔总是尽力弥补，而且总是努力领会他的意思，并向他提建议。他们部门里的其他人对他都是一样的态度，都不怎么理睬他，他们当然也认为，他们在他心中也"都是那样"，不过没人能够理解他想要做什么。吉罗知道，他们都认为他不是市场营销人员——该死的，他之前确实不是营销人员，不过他们也不能这么不尊重他吧。

失去良机

这天是会议召开的日子，参加会议的营销团队成员们都很紧张。前一天晚上，"营销专家"们都互相打电话，约着聚会，以便讨论即将发生的事。大家一致认为，吉罗肯定会离开，除此之外，还会有什么别的结果吗？

聚集到会议室里，等着会议开始的时候，营销部门的人私下谈论着。盖瑞正跟人聊得热火朝天时，突然发现吉罗穿着一件价值五千美元的西服昂首阔步地走了进来，而且比他平常穿的要小三码，他震惊不已。"营销专家"团队的其他人也都看到了，互相交换着疑惑和担心的眼神。

这是怎么了？

身形像橄榄球四分卫的吉罗居然穿着汤姆·福特品牌的西服，大家都被这一幕所吸引，并没有留意到，部门里有一个人不在会场，吉尔是唯一一个还没有抵达会场的人。最终，她走进会议室时，却不是一个人过来的。

跟她身边的那个高大威猛的朱尼尔比起来，吉尔就像是个小孩子。朱尼尔身形高大，也是公司传奇性的销售副总，他站在营销团队成员们面前，会议开始了。"营销专家"们足足用了一分钟才回过神来。

"营销团队的各位，大家好，"朱尼尔跟大家打招呼，他看起来更像是橄榄球的中后卫队员，而不是公司高管，"我想，你们都不明白究竟发生了什么，而你们销售部的领导吉罗却没站在你们前面。"

请说他被解雇了，请说他被解雇了。盖瑞都快从椅子上跳起来了。

朱尼尔继续用一种更适合于带领士卒们开战前讲话的口吻说话，而不像是一场商业会议的口吻。

"公司决定，将销售部和营销部合并。我们已经为此忙碌了很久，我很高兴能来欢迎你们加入我的团队。"朱尼尔说出这个消息的时候，盖瑞不禁从座椅上站了起来，"你们不用为吉罗担心，因为他现在负责我们北美地区的销售部，我们也很高兴他能够来到销售部。"

盖瑞眼神空洞地盯着会议室，脑海中浮现出千百万种糟糕的场景。生活真不公平，不过至少吉罗跟我们一点关系也没有了。想着，他很快回过神来，提出了自己想到的唯一一个合理的问题。

"那这些对我们这个部门有什么影响？"盖瑞问道，仿佛是想让这个痛苦的过程尽快结束。

"很棒的问题，"朱尼尔说道，"我们原来让吉罗负责营销部，他的主要职责就是对你们这个部门的人做出评估，并为我们公司的新部门制订计划。"盖瑞露出紧张的神情。他看了看他的朋友们，都跟他一样，开始担心有什么不好的情况发生了。"离开之前，吉罗推荐了你们部门里的一位同事担任新的总监，并对营销部门做出调整。"朱尼尔说着，露出了一个灿烂的微笑。

噢，不！

"很高兴告诉你们最后的这个好消息，我想，你们都会很高兴的，恭喜吉尔成为全球营销部总监！"

真见鬼！盖瑞努力克制住想要骂人和打砸会议室办公桌的冲动，一边出于礼貌而鼓掌庆祝，一边思考自己的计划究竟是哪里出错了。

/ 我们能从盖瑞这个故事里学到什么 /

故事中的盖瑞所犯的错误是我们许多人也经常会犯的，尤其是我们的职业生涯刚刚起步的时候。好在这个问题要纠正也很简单，不过要想真正纠正过来，我们就要对自己诚实，而且要切实采取相应的行动。跟本书中所提及的许多经验教训一样，现实是会伤人的，而我们在做自我评价的时候也必须客观实在。我回想起自己与同事打成一片的时候，也是觉得很难堪、很遗憾的。这就证实了，我们所有犯过这种错误的人都有自己个性上的弱点。从一方面而言，盖瑞和他的同事们的表现并不成熟，这样的行为是幼稚的，不过我仍然因经常见到这种行为而惊讶。从另一方面而言，故事中的"专家"们都不明白让自己特立独行的重要性，吉罗分辨不出他们的个性特征，因为他们作为一个团队，已经合作很久了，所以他们的个性很难区分。升职的机会也很难得，可能等到合适的机会需要很多年的时间。如果你想要在时机到来的时候抓住机会取胜，那你就要确定自己的位置和独特的技能。

盖瑞的事例就证明了，无论你多么有才，如果你不能仔细管理好自己的事业，那你就无法获得成功。相比之下，巧妙地遵循职场策略，我们就能够克服许多常见的问题。这一点，我们从吉尔身上就能发现，因为她的升职几乎是上司默认了的。

向我做咨询的大部分管理者都曾不时地犯盖瑞的错误，因为一起发牢骚是能够让人放松心情的好办法。一个集体以某种形式联合起来反对自己的领导者是很顺理成章的，不要掉入这个陷阱中。

如果我们任凭自己的情绪掌控自己，那么随众的思想就会深入心间。我们很容易跟意气相投的人分享我们的感受和我们所遇到的挫折，因为这能让我们得到暂时性的安慰。不过正如我们之前所讨论的那样，这种做法对我们并无益处。当你跟朋友们一起发牢骚的时候，你就会真正认为，其他人跟你一样觉得有压力，不过这并不能让你获得升职。这只会让你混进你的竞争者之中，让你的上司发现不了你。从另一方面而言，如果你的上司发现你对他不尊重，他就会解雇你，或把你拉进黑名单里，永不理睬你。即便你并没有不尊重上司，只是跟你的同事们共度良宵，你也不是在跟能够对你的职业产生重要影响的"影响者"积极建立良好关系。

从盖瑞的故事中我们发现，虽然你跟你的同僚和下级，乃至只跟自己这个部门的同事相处有多么愉快，但是，要策略性地拉拢公司中我们的上级却更加艰难，因此我们大部分人都不会去做。更糟的是，我们通常会做出更加过分的行为，公开批评那些跟上级建立良好关系的人。我们给他们贴上"马屁精"或者"野心家"的标签，因为我们嫉妒他们。事实上，如果不在自己的团队组织中发展纵向的关系，那你的职场策略对你的工作有害而无益。在公司中，唯一能够决定让你升职还是离职的人就是你的上级。

盖瑞本不该跟自己的朋友们走得太近，还整天对吉罗议论纷纷，他应该像一个领袖人物一样，跟同事们建立正常而融洽的关系，像领袖人物一样去努力工作。这样，一旦机会来临，那么获得升职的就是他而不是吉尔。盖瑞花费了巨大的代价才认识到，如果你不使用恰当的职场策略，那么你的技能和天赋都没法帮你升职。

※　※　※

接下来，我们来看看忠诚的拉里的故事，看看他是如何应对相似的情景的。我们可以"偷盗"他的几条策略，在我们遇到工作中的类似状况时使用。

/ 忠诚的拉里的故事 /

"兰迪·摩斯还在维京队打球吗？"拉里询问经过房间的妻子简。

"你不能认真工作吗？怎么还在忙着赌球？"简回应道。

"噢，没关系，我会知道的，"拉里不再问了，其实他很讨厌橄榄球。我要为升职而忙碌了。他想着，对周日的比赛阵容做了最后的调整，然后就重新回到了他正在做的一份营销计划上去了。

一年的大部分时间里，拉里都在竭尽所能地讨好他的上司威尔森，每年的9月至来年2月，是公司赌球的时候。他的妻子不明白，他为什么不让威尔森取消这个赌局，不过拉里却更明白，这个赌局并不是威尔森组织的，跟他去提是愚蠢的行为。拉里很明白，掌握自己的事业，最为关键的还是个人自己，他以前就曾犯过千百次错误。

新的教练

拉里认为，威尔森并不是这世间最糟糕的老板，不过距离最糟糕也仅有一步之遥，因为，他对任何形式的营销都不感兴趣。他每天只是惯例性地进行工作，似乎只是暂时担任这个职务而已。一周之前，威尔森和拉里聊到了跟公司的零售行业的同事们一起度过的美好时光。"营销团队的人不懂，他们不知道零售行业的状况究竟如何。"他偷偷跟拉里说，这种语气更像是一名二战老兵，而不是公司主管。

九个月前，威尔森被调离了零售部门，成了新的营销部主管。营销部的首要目标就是让公司的营销部门和零售商们更好地联系起来，在拉里看来，这似乎是很积极主动的行为，不过威尔森在这方面经验不足。

威尔森之前的那位主管，是整个团队都很喜爱并崇拜的人，他确实是一个真正的营销专家，他熟知营销的基本原则，也鼓励创新思维。他离开的理由大家都不清楚，不过营销部的大部分人都认为，他可能加入了苹果、谷歌或其他什么大公司。

威尔森刚一接手营销部，就引起了人们的争论。跟前一任主管不一样，威尔森并不合群。开始的时候，他召开会议就像是著名橄榄球教练文斯·隆巴迪一样，而且多次用橄榄球来比喻兰博赌场，去参加威尔森召开的会议是很尴尬的。威尔森有像他们营销部所称的"可怕的目标综合征"，他所定的目标，一周内必须完成，每次有新的目标出现，都成了这周最重要的事务，除非大家马上完成这个目标，不然就会挨批评，结果，大家就都不满这种做法。威尔森不过任职一小段时间，大家都嚷嚷着要找新工作，不断打电话去应聘。一个很小的问题很快就发展成了一场大风暴。

这个团队一贯团结，换了领导者给他们造成了很大的影响，他们总认为自己是明星，不过在公司并未受到赏识。从威尔森接管这个部门开始，大部分人就联合起来反抗他。这种敌对的状况刚开始的时候还是很简单的——公开场合下彬彬有礼，只是私底下有所抱怨。不过随着时日一天天过去，这个团队的表现越来越差了，根本不像从前风光的时候，而且对威尔森的不满态度也更加公开化了。有那么一两次，还发生了很尴尬的状况，因为威尔森似乎听到了下属员工们在拿他开玩笑。

拉里以前在很多家公司都见过高管们任职和离职，虽然他的同事们抱怨的几乎都是对的，不过他可不想表现得太过情绪化。他就是不明白，抱怨那个能够决定自己职业未来的人究竟有什么意思，虽然拉里很明白这一点，不过他的同事们显然是不清楚的。

拉里决定好好利用这一点。他已经按照真正的橄榄球精神，想出了一条基本的策略，只要同事们开始取笑威尔森，拉里就会离开他们，只要有人来跟他抱怨威尔森，拉里就会建议他们去跟威尔森本人谈一谈。有那么几次，拉里甚至都能感觉到，他的同事们也在拿他取乐，将他和威尔森都当作了笑料。不过拉里可不会再次掉入这个陷阱之中了，他以前也曾因为同样的事付出过代价。拉里心里明白，虽然这样的玩笑可能会让人获得暂时的愉悦感，不过却无法让人获得升职。

营销部的这种状况一连持续了好几个月。拉里的一部分同事都已经离开了公司，留下来的大部分人仍然继续不尊重威尔森，工作也不尽责，而且还不停地抱怨。这个部门显然已经变成了一个烫手的山芋，而且大家也都明白这一点。曾经大家公认的明星团队，如今已经变成了一支差劲的团队。

私底下，营销部的人都认为威尔森很快就会被解雇。拉里的一位同事就曾说过："公司一定已经注意到了近期我们这儿有多乱，他们再没有理由把威尔森留在这里了。"

"这个我也说不准，"拉里小心翼翼地回应道，显然不想把自己的策略公开出来，然后，他似乎是在猜测接下来公司会怎么做，问道："为什么你那么确信，他们认为威尔森才是问题所在，而不会把问题归咎于我们呢？"

计划成功

接下来的周一，拉里受邀进入了威尔森的办公室，从表面上来看，只是谈论之前战无不胜的维京队前一天居然以惨败收场的事。早餐的时候，拉里就已经浏览了一下体育版面的报道，以确保在谈论这个事件的时候，能够装一装。他的妻子看到他如此关心业余活动也翻了翻白眼。

"我们的防线太脆弱了！"拉里还没完全进入办公室，威尔森就大声喊道，"我是认真的，第四场我们没有获得过一次抛传保护。"他像专业的四分卫一样分析着球赛。

"还有那么多次丢球！"拉里回应道，尽力表现出对橄榄球的关注。

"是啊，是啊。"威尔森的神情看上去就像是对生活已经不抱希望了一样。

关于橄榄球的话题就这样告一段落，拉里也坐了下来，他感觉接下来还有更重要的话题要谈。

"拉里，我这里既有好消息也有坏消息，"威尔森终于说到正题上来，"坏消息是，他们准备解散这个部门，并进行重组，我们将解雇一些人。"拉里的心一沉，"公司认为我们跟零售商还不够亲近，于是决定让我们跟零售商合作。"

"因此，他们决定把这个部门解散，让它分成两个部门：一个是公司营销部，另一个是零售营销部。他们希望这个专门的零售营销部能够达到他们所想要的效果。"

噢，噢。

"公司让我负责零售营销部，因为我正擅长于此。他们都确信我能够胜任。"威尔森说着，似乎很为自己的新职位而感到高兴，"现在要说好消息了。"

让我升职，让我升职，让我升职。拉里屏住呼吸等待着好消息。

"我跟他们推荐让你来主管公司营销部，这意味着你的责任更重了，不过我相信你可以做好的。我也相信你会对某些员工做出新的评估。坦白地说，我们都知道，那些人并不是能够一起共事的人。"威尔森微微一笑，像一个骄傲的父亲。

终于得分了！拉里想象着自己打橄榄球得分的情景。他运用这种策略已经差不多一年时间了，终于获得了回报。

/ 你的个人"策略"：不要与喜欢抱怨的同事打成一片 /

我们从盖瑞和拉里的故事中学到了一些重要的经验。这样的故事几乎每个人都经历过。令人难过的是，我们在汲取到相应的经验教训之前都会多次陷入盖瑞那样的陷阱之中。与喜欢抱怨的同事打成一片，不会对你的事业产生任何积极的影响，它至多只能让你融入你的事业竞争者之中，让别人分辨不出你来。最糟糕的是，它可能让你失去工作，让你的职业生涯停滞不前很长的时间。

造谣抱怨你的上司和同事是只输不赢的策略，不要落入这样的陷阱里，跟别人"同流合污"。如果你想要升职，那就要使用与之相反的策略。别人拿上司开玩笑，抱怨上司，你就该接受你的上司，这跟你喜不喜欢你的上司无关，也跟他是否机灵有才干、工作效率高低无关，这些都不重要。重要的是，要让自己跟能够决定自己事业命运的人站在同一阵营里。以下是一些不可错过的策略，能够确保让你不会跟喜欢抱怨的同事打成一片：

1. 态度不能消极。对你的同事和上司持不友好的态度，这样你不会得到任何好处。即便你周围的人都是没有能力的人，你对他们不友好，这对你也没有益处。虽然这样做会显得虚伪，但无论何时、无论对何人都应该热情友好。

2. 对人忠诚且有礼。任何时候，你都应顺从并尊重你的上司。如果你要找这样的机会，一抓一大把。不要公开跟你的上司争辩，而是私下找合适的机会和他交谈。

3. 要表现出自己跟别人不一样的地方。不要忘了，跟你一起工作的同事也在跟你竞争。他们不是你的朋友——至少在职业竞争中不是。你必须找到让自己比别人更出挑的办法，第一步最好是多花点时间跟你的上司在一起，而不要花太多时间跟同事们相处。

寻找机会去完成公司的大目标

在这个部分里，我们将看到兰迪和哈维的故事。兰迪的故事涉及职场人经常进入的一种误区，值得我们从中汲取教训；而哈维的故事则让我们获得经验。兰迪的故事源自我之前最为尊重的一位下属，他花了很长时间才实现事业上的成功，而哈维的故事则是我不久前主管跨部门战略项目部的经历。我们将通过这两个故事了解两种不同的职业管理方式。兰迪一贯诚实可靠，而哈维虽然平时的工作表现并不太好，却能够寻找机会参与公司的重大项目而得到别人的认可。我们会从中看到，两种不同的方式如何导致了他们不同的职业命运。

/ 诚实可靠的兰迪 /

"就是今天了。"兰迪吞下最后一口麦片粥，看了看手表，在心里告诉自己。

"我先去整理床铺，把要洗的衣服收拾好，然后再去赶7:25的火车。"他对自己的妻子贝蒂说着，然后亲吻了一下她的脸颊，他们从高中时就确定了恋爱关系。

"好的，亲爱的。"贝蒂高兴地说。她知道她什么都可以靠兰迪，兰迪是她的依靠。

兰迪夫妻俩这天早晨感觉充满希望，他们一直都在期盼着这一天，就像期盼永生一样。今天可是酸橙科技宣布新的地区副总人选的时候，大家都期盼已久了。兰迪对这个职位可是梦寐以求的。

雅各布森事件呢？

兰迪在做最后的准备工作时，不断给自己加油打气。"没人比你更值得获得这个职位。"在卫生间的镜子前，他鼓舞着自己，试图让自己展现出管理者的风范来。他确实值得获得这个职位。他入职这家公司已经四年多了，在移动应用开发这个行业，这四年多的经历足以让人成为行业的专家了。在办公室里，兰迪很受人尊重，他的大部分同事也都很崇拜他，就跟他的妻子贝蒂一样。兰迪确实是个可靠的人。

不过，虽然兰迪知道自己应该获得升职，但他也知道，结果究竟如何还不能确定。在职场中，升不升职是无法肯定的。六个月前，兰迪就错过了一次被提拔为副总的机会，也正是因此兰迪才明白了这一点。而这次，他很确定自己能够获得升职的机会。

"上次只是运气不好而已。"兰迪跟伊夫回忆道，伊夫是他的同事，每天早晨都会跟兰迪一起乘火车去工作。

"肯定是的。我想知道，促销活动正在进行时，杰西卡有机会制作新的销售补偿计划吗？"跟贝蒂一样，伊夫也是兰迪的忠实粉丝。

"我不知道，以前的项目是个问题，"兰迪无可奈何地说，"除了那个愚蠢的雅各布森，我已经按时做好了我的数据和项目，我们的工作进展得非常顺利。如果他们看不到我的工作质量，那就是他们的问题了。"

"没人还记得雅各布森的。"伊夫撒了个善意的谎言安慰他。

"只有一件事可以确定：我的房子已经打扫干净了！"兰迪意志坚定，但声音里却流露出一丝疑虑。

接下来的一路上，兰迪一直在告诉自己，他的勤奋和努力会得到认可，期盼已久的升职机会也会是他的。

选可靠的人还是做出过贡献的人？

酸橙科技的雇用团队由七位公司高管和两位人力资源部领导组成。他们每月的第二个周二都要开会，以确保所有入职的新员工都获得必要的教育，也要让他们达到公司的三条优秀准则：具备创新能力（Innovation）、与公司保持一致（Empathy）和有才能（Inspiration），也称I.E.I。员工们一说到这三条准则，总是龇牙咧嘴地叫"哎——咦——哎"。

虽然员工们总是拿这些准则口号来开玩笑，但管理层人士还是很看重这三条准则的。因为不赞同这些理念而被拒之门外的有才华的应聘者，不止一位。除了聘用和任命新的雇员，招聘委员会还要考虑职员的升职和职位转变，这也是他们本次开会的目的。

会议开始，雇用团队的主管特洛伊·塔普就说："今天我们来讨论一下，谁将任职地区副总的职位，我们有两位候选人，艾莉森和兰迪，与会的各位都怎么看？"说着，他特意点了销售部的代表来发表看法。

"兰迪的入职时间最长，而他的工作也是做得很棒的，这个我想都不用想。"兰迪的直属上司和好友艾瑞克说。

"我也觉得兰迪的工作完成得还不错，大家似乎也都喜欢他。不过他是做管理的料吗？"服务部的一位总监玛莎问道，很明显，她不是销售部的人。"当然，他能够完成好工作，不过他做出过什么大贡献吗？我好像从未听说他为公司做出过贡献。"玛莎的问题显然问对了，会议桌周围的人相互点了点头，"仔细想想，我唯一一次听到兰迪的名字还是在去年，那次混乱的采购案，让我们出了雅各布森的事件。我们难道要将公司的未来寄托在这样一个人身上？"

"那么，艾莉森怎么样？"人力资源部副总、雇用团队的副主管茉莉说，"我知道，在雅各布森事件之后，艾莉森努力让一切重回正轨，我还听说，她曾实施过杰西卡的销售补偿计划。我不确定她是否有兰迪那么专业可靠，那么有经验，不过她曾经做过几次对公司有重大贡献的事，我们更应该用这样的人。"

"等一等，"艾瑞克说着，双手合十放到面前，"艾莉森有点儿难以捉摸，她做的决定有时候有不确定的因素。我们需要的难道不是顶梁柱似的人物吗？"

与会的人们就这两位候选人争论了近一个小时。兰迪，众所周知是一位表现一贯很优秀的员工，只是在雅各布森的事件上有一点点瑕疵，他是个令人安心的候选者，与会的各位对此都没意见。从另一方面来说，艾莉森虽然不是那么有实力，不过她参与过多次对公司有重大贡献的事——但是她在这些事情中所发挥的作用并不是众所周知的。这是一个艰难的决定，不过最终他们做出了决定。

失去机会

兰迪朝会议室走去时，查看了一下时间，以确保自己并没有太早到来。他特地放慢了脚步，做了一次深呼吸，"我为此努力了这么久。"兰迪想道，自己一直埋头工作，工作也一直完成得很不错。他已经为此花费了大量时间，自雅各布森事件之后，他再没犯过一次错误。我需要这次机会。他心里想着，走进了会议室。

"下午好，兰迪。"茉莉伸出手，欢迎他的到来。

"嘿，茉莉。"兰迪一边回应，一边暗自猜测她要说的话。

"我希望你知道，我们真的很感激你在工作上的付出。你是我们最可靠的管理者，也是我们公司不可或缺的一员。"她几乎是带着歉意在对他说话。

"噢，上帝！别再说了。"兰迪听到这里，心往下一沉。

"很抱歉通知你，我们将把新的地区副总这个职位奖励给艾莉森。"

"不！"兰迪根本无法控制住自己，大叫了出来。

"很抱歉，兰迪。我知道你一定很失望，不过我想，你也知道，艾莉森很擅长解决问题，而且更具备担任该职位的能力，我们希望你能帮她熟悉这个新的领域，我也希望能一直依靠你。"

听到这里，兰迪很想尖叫。这次他怎么又错过了机会？他可是顶梁柱，人们都可以依靠他，他也从未犯过错误，这看起来太不公平了。

"不过，"兰迪控制住了自己，"当然，我确信艾莉森会做得很棒，我也很高兴能够帮忙。"他最终控制住了自己，像一个真正的专业人士一样结束了这次会面。

那以后我怎么办？兰迪想。

/ 我们能从兰迪的故事中学到什么 /

在我的职业生涯中，见过很多像兰迪一样的人。他们是公司中最不幸的一个群体，他们值得得到比他们拥有的更多的东西。如果可靠和坚持是迈向成功的垫脚石，那兰迪这类员工早就站在职场的巅峰之上了。兰迪是个可靠、机灵又努力的员工，他工作时几乎从不犯错，不过光做到这一点还不够。无论什么时候，只做到这一点都是不够的。

兰迪的故事的寓意，就是做可靠的员工并不能让你获得升职，至少升不到高管的职位。诚实可靠是一条消极的职场管理策略，让你看不到升职的希望。跟传统观念相反，依靠高质量地完成手头工作是难以获得升职的，靠这种策略是不能获得成功的，只有找机会参与公司的重大事件，并完成好，才会得到认同。我们许多人都认为，只要坚持高质量地完成工作就会得到赏识，但事实上，这样的坚持只能够让你保住饭碗，升职还需要更多条件。

兰迪之所以没有获得升职，就是因为没有做出过重大的、突出的贡献。这对他的升职有两方面重要的影响，首先，没有做出过重大的、突出的贡献，就意味着管理层并没有经常听说过他的事迹。他还不够有名气，显然也没有树立能够做一位好领导的形象。其次，因为他没有做出过重大的贡献，那么他的过错也就被放大了。因为没有明显的成就来抵消他的不足，那么人们唯一知道的就是他犯的那次大错——雅各布森事件。从另一方面而言，艾莉森似乎犯过不少的错误，而且从日常的工作来看，似乎也没那么有能力，不过到了决定升职人选的时候，大家却因为她做出过的几次大贡献而记住了她，而并没有考虑这一路走来她所犯的错误。

要想升职，你就需要增加你在"积分榜"上的"分数"。这种"分数"，就像足球或橄榄球比赛的分数一样，有多种评判标准。坚持履行职责，做好每天的本分工作，会让你增加很多小分数，我们将它们称作职场的"射门得分"，如果你从未犯过错，那么这些得分会慢慢地积累起来。如果你参与了公司的重大事情，犯错了，你肯定就丢分了。问题是，按我的经验来看，一次犯错所失的分数可能抵得上五次"射门得分"的分数。因此，即便是像兰迪这样沉稳可靠的员工，要使用"射门得分"的策略来让自己增加"积分"，获得最终的胜利，也是一个很大的挑战。

从另一方面而言，让别人发现你参与过某个大项目能够给你加不少的分数。我们称之为职场的"触地得分"。如果你积极寻找，这样的机会随处可见。通常，这样的机会好像跟你手头的工作没有关系，而且，似乎也不能给你带来益处，但是，无论如何你都应该去找这样的机会，这就跟橄榄球赛一样，即便你获得了多次射门得分，你的对手想超过你的话，只要一两次触地得分就够了。

有效的职场策略应该是努力获得"触地得分"，这就需要有大动作、大项目。虽然坚持不懈能够让你保住饭碗，让你的上司满意，但想用这样的策略在职场上获胜可是很难的。正如我们见到的艾莉森和杰西卡，即使能力不够，但是参与了公司的重大事件，获得了"触地得分"，而你只认真完成了日常工作，所以与她们相比，你就失败了。

我现在不打比喻，直白地说，关注你平常工作质量的是跟你有直接接触的同事和上司。仅仅让他们看到你的努力还不足以让你获得升职——至少在你获得了高级管理之前不行。为了获得升职，你还必须要获得能够对你的工作没有什么直接影响的人的认可。相比之下，你一犯错误，公司里的人都会知道你。如果你做了20项工作任务，但只要有一次弄错了，整个公司都会受到这次错误的影响。

那么，这跟职场策略有什么关系？这就是说，要开始改变你的个人职业积分方式了。不要把认真完成你的日常工作当成首要目标，而要开始寻找机会参与大项目，"射门得分"的策略不会让你获得升职的机会。只要想去做，那么接下来的挑战就是怎样去找到那种能够让你获得"触地得分"的重大项目和解决危机的办法，这样你才能够展现出自己的能力，并获得升职。

职场"触地得分"的机会有两种形式：转型的项目和解决危机的办法。转型的项目风险度很高，接手的话必须十分谨慎小心。虽然主导重要的项目和观念变革能够让你加分，但如果违反规则，太过热忱于此，那又会起反作用。转型的项目失败，你得到的惩罚可能相当于五次"触地得分"的分数，因此你选择转型项目的时候要非常小心谨慎。我推荐你们参与转型的项目，而不要去做该项目的主管，因为这样你仍然能够获得加分，而且失败的风险也大大降低了。这就像是加入获胜的队伍但却不上场，这样你仍然能获得冠军的奖杯，还避免了成为失败的替罪羊的风险。

第二种"触地得分"的方式就是帮助解决危机，也就是纠正其他人的错误而获得分数。这就像是捡到了别人的漏球，并获得了"触地得分"。这是职场"触地得分"的一种更安全保险的方式，不过却不能获得太多分数。需要小心的是，提出解决危机的办法不要打着纠正别人错误的幌子，孤立他人或追究他人责任并不会让你获得升职，这只会减少你在公司里的支持度。

在公司里，错误是很容易被人们发现并记住的，你只要帮忙纠正错误，就能得到发现和认可，别人不会对你指指点点，也不会让你为此承担责任。而且无论是不是值得，你总要给予制造问题的人一点信任，这样来让他慢慢进步。只要使用的方式合理恰当，帮忙解决危机和问题能够为你赢得加分，而且也不影响你与公司团队成员间的关系。最优秀的管理者总是乐于助人的，他们总是在寻找这样的机会，乘虚而入，挽救局面。

这个故事的寓意就在于，劝你用"触地得分"而不是"射门得分"的策略来赢得职场上的胜利。你需要变更自己的个人"积分卡"，这样你的时间和精力才能充分利用到那些能够让你增加足够的"分数"击败对手的事情上。

/ "全垒打"职员哈维的故事 /

哈维又迟到了，不过那个周一的上午，你从他的神情上根本看不出这一点。事实上，如果你仔细观察，你还能看到他两侧脸颊上浅浅的"红色"和"短袜"两个词的痕迹，记号笔写的——这真的很糟，他扯出一个微笑，好像无可奈何。这天上午没有什么事能够让他沮丧，因为他最爱的红袜队获得了赛区的冠军，而他也有幸去观看了那场比赛。这个球队表现真的很棒！

哈维迟到

比赛很精彩，不过哈维上班确实迟到了，而且他的每周工作报告都没有完成好。你可能认为，对于这位红袜队的铁杆球迷朋友而言，这不过是一次偶发的事件而已。有时候，他也想认真工作，不过却总是有他喜欢的比赛：跟杨基队的一场艰难的四分赛，在多伦多举行的一场关键性的客场赛事，在巴尔的摩有一场必胜的比赛。一年中八个月的赛季，一共162场比赛，哈维又要工作，又想去看比赛，所以总是为此心烦意乱。

不幸的是，哈维痴迷于足球虽然给他带来了无穷的乐趣，不过却让他难以在工作中做出上佳的表现。脱去白色和红色的球队运动服，哈维是Centrolink公司的一位个性温和的产品经理，这家公司是该地区的网络服务提供商。无论是周末在芬威喝醉之后醒酒，还是熬夜在西海岸看最爱的球队客场比赛，哈维总会找时间完成工作。不过就跟他最爱的球队俱乐部一样，哈维资源丰富，神通广大，很久之前就学到了一条关于职场管理的重要经验。哈维擅于远传。

就跟所有伟大的种子选手一样，哈维总是在寻找合适的机会。他所在的部门的其他经理都因为每天的小任务而疲惫不堪，但哈维会仔细搜寻最重要的事务。他的同事们总是拒不接受参与跨部门的项目，拒不跟厉害的团队合作，哈维感到很惊讶。对哈维来说，每次都是好机会——就像红袜队的明星球员雅各比·埃尔斯布里一样。事实上，哈维最近加入了新一代产品委员会，不过这也意味着他要放弃很多平常的工作职责。实话实说，参与重大项目更加有趣，而且这样你永远都不知道自己会遇到什么样的惊喜。

哈维那天早上迟到了，脸上仍然有记号笔的痕迹，不过他很轻易地就摆脱了同事们对他的嘲讽。

"你又迟到了，你知道吧？"安德里亚说，脸上露出非常不满的神情。

"你的利润报告还没交。"新人迈克抱怨道。哈维很肯定，他私底下一定是蓝鸟队的忠实粉丝。

不过哈维总是不屈不挠，就像他的偶像，前红袜队接球手詹森·瓦瑞泰克一样。因此，他才对同事们的批评不管不顾。哈维的同事们都认为他懒，有点儿不成熟，而且都看不起他。"他们都是杨基队的。"他自己一边想道，一边偷偷乐，但他也发誓以后再不要迟到了。

谁在计分？

哈维的同事们不知道，他们整天在忙着赶报价单、利润报告和产品需求单时，哈维却有更大的计划——哈维称之为大Papi计划。因此，那天上午剩下的时间里，哈维都在补做他的各种报告单和其他日常工作，这样他就能够按时完成自己的主要计划，以便观看比赛。

"应该解雇他，"安德里亚手指着办公室另一头的哈维，不屑地说，"他很少完成工作，总是迟到。这一年里我从未迟到过，不过似乎根本没人注意到。"她发着牢骚，替自己觉得不值。

"他没那么差劲，"迈克说，展示出多伦多蓝鸟队粉丝特别高超的记忆力，"我是说，他参加了新产品开发，还是新一代产品委员会的成员。这影响力可是举足轻重的。"

"这话不假，不过他上次及时交报告是什么时候的事儿啦？"安德里亚反驳道，她显然没有发现，自己是极少数关注这些报告的人之一。

产品管理部门总是为此争论不休：哈维所做出的大贡献是否能够跟他不佳的工作作风和日常工作不努力相抵消。不过哈维的日常工作表现，只有他们部门的人知道，其他人都不清楚。虽然他们对哈维的情况都不清楚，不过他们很快就会认识到哈维的能力。

胜利

"哈维究竟去哪儿了？"安德里亚抱怨道，好像哈维偷了她最爱的绒毛头铅笔一样。

他们的部门经理临时宣布召开会议，大家都急匆匆地赶往会议室，唯独不见哈维的影子。不过安德里亚赶到会议室的玻璃墙壁前时，就找到了答案。看到她的老对头哈维竟然已经在会议室了，她感觉非常惊讶——而且哈维正跟他们的总经理聊天，这位总经理是从城外赶来的。

安德里亚掏出了手机，很厌恶地看着他们聊天。

"当然，吉特也能够上垒，不过他却不能减少得分的差距。"哈维跟总经理正聊得热火朝天，阿曼达进来了。

"哈维，哈维，哈维，你真是个无望成功的家伙，"他就像是老朋友一样拍拍他的肩，"红袜队到纽约的时候，我们将派你去出差——看看你是否能看到那场比赛。"

这是什么意思？安德里亚问同样坐在办公桌前的迈克，他显然也看到了这一幕。

大家都落座了，并焦急地等待着总经理宣布开会。

"嘿，大家好。很抱歉临时让你们过来开会，"总经理道歉，好像他已经为这种事情多次道过歉了，"我们今天是来跟我们的一位同事道别的。"

安德里亚惊讶地睁大了双眼和嘴巴，对她的好朋友做出了"哇"的嘴形。

"我们今天要跟哈维告别，他一直是这个部门的支柱，我敢肯定，你们一定很遗憾要跟他告别。"总经理说着，双臂张开，一手指着哈维。

"真是公平！！！太棒了！！！"团队里的其他人礼貌地鼓掌时，安德里亚在敲击着键盘。

"但是，"总经理的话还没说完，安德里亚的心又提了起来，"我们的损失也就是战略合作伙伴的收获，"总经理故意停顿了一会儿，这就制造出了一种引人注目的效果，他继续高兴地说，"哈维受邀组建一个新的团队，致力于我们公司与新战略合作伙伴之间的合作。请为我们的新合作副总鼓掌庆祝！"

杀了我吧！真不敢相信！安德里亚继续敲击着键盘，根本就没有理会。

"我曾有机会跟哈维在新一代产品委员会共事，我们都知道他在新产品开发这一领域所做出的杰出工作，我们管理层的人大都认识他，他显然是这个新职位的不二人选。"

安德里亚不敢去看办公桌对面的情况。

总经理再次握了握哈维的手，然后就离开了会议室。哈维这次真的以红袜队的方式，收获了成功。他很礼貌地接受了大部分同事的恭贺，他自己也因这次的好运而惊诧不已。

这天真棒！就像是赢了世界杯的比赛一样。

/ 你的私人"策略"：找机会解决大问题 /

我们从兰迪和哈维的故事中学到了很多。许多人在自己的职业生涯中也有类似的经历——看到别人升职，而自己却还在等机会。兰迪的故事告诉我们，工作诚实可靠可能让你保住饭碗，但却无法让你升职。哈维的故事则告诉我们，参与重大的工作项目能够让人忘记我们的错误，并让公司能够决定我们升职的人发现我们的存在。以下是一些快捷策略，这样你就能确保抓住每一次"触地得分"的机会：

1. 不要等着被别人发现。没有人在看着你。诚实可靠不是领导者看重的品质，至少不是那些能够提拔你的人看重的品质。升职的最好办法就是参与更重大的项目，让自己获得瞩目，即便这意味着你要自愿去做跟你的目标无关的工作。

2. 等待合适的机会。你不能盲目地参与任何你所知道的大项目。你需要选择最能让你获得成功的那些项目，抓住那些做升职决策的人能够认识你的机会。重大项目的失败是很糟糕的，而成功却是很棒的。

3. "全垒打"。不要错过了"全垒打"的机会，这种机会的出现频率比我们想象的要高得多。下一次有人邀你参与项目，或者要求你承担某些你的日常工作之外的职责的话，就答应下来吧。

不要强迫别人完成工作

在这个部分里，我们将看到多蒂和哈里的故事。这两个故事的背景并不如之前所述的故事背景那么常见，不过如果你不谨慎小心的话，这也会对你的职业生涯造成致命的影响。多蒂的故事来源于一位我曾为之工作了数年的老上司，这个人拥有非凡的才华和精力，她的故事讲述的是，工头型的管理者和那些积极性很高却目光短浅的管理者常犯的一种错误。哈里的故事则是我之前一位同事的经历，他让我认识到了切实指导的力量，及创建指导者的观念为什么比树立管理者的权威更重要。

/ 时尚的多蒂 /

"噢，不行，这件不行。"多蒂一边歪着头看着电脑上的服装照片，一边喃喃自语。"当然不是在堪萨斯了，不过也可以是。"多蒂心里偷偷笑着，忍住了跟以前的同事和朋友们分享女牛仔装照片的冲动，"我最好还是去工作"。

对多蒂而言，她每天所做的事情准确来说都不叫"工作"，她的工作就是她的爱好。多蒂可是一位时尚达人，至少她曾经是。已经离开堪萨斯一个月了，多蒂仍然经常忘记自己究竟身处何方。她总是在想，选择来莉迪亚皮革是否是个正确的抉择。

过去熟悉的一切又成了新的

一个月前，多蒂进入了时尚圈子里——确切地说，是担任了时尚编辑。多蒂对自己要求严格，要成为一名时尚编辑，所选的稿子不仅专业性要强，还要按时交稿。如果对稿件要求不严，就意味着缺乏可信度，这在她这个行业而言就意味着被判了职业"死刑"。对自己要求严格，对你身边的其他人也会有同样的要求，如果你对自己要求不严格，那么你就会被淘汰，这就是行业规则。近十年来，多蒂一直是这样严格要求自己的。

在时尚行业干了十年，多蒂已经准备好做一番改变了。经过仔细考虑，她离开时尚杂志社，转入了零售行业。她加入莉迪亚，担任品牌的在线营销经理，主要负责公司的网上营销。从表面上看，这种改变是很自然的，不过多蒂却开始领教到其中的不同之处。

莉迪亚皮革原本是一个著名的品牌，自去年开始，试图再创辉煌。这家公司有50年历史了，其后的背景也很深。多蒂必须确信，到这里来是一个正确的决定。"耐心点儿，多蒂。"这是她这段时间的定心咒语。她知道会有大变化，而她必须保持积极乐观。毕竟，如果多蒂能让莉迪亚皮革恢复生机，那就是立了大功了。

犯错

多蒂自信地坐在办公桌前，她是故意坐在这里来检查自己这个团队的。她一边喝着蓝莓茶，脑海中的第一个想法就是：噢，上帝啊！他们都穿了些什么呀？让多蒂至今都觉得惊讶的是，一家帮顾客设计服装的公司，为什么员工的穿着都不遵循时尚的最基本原则。"改变还来得及。"她喃喃地说道，好像在唱冥想圣歌。

多蒂该低下头忙于工作了。整个公司都在忙着准备年末会议，会上，每位经理都要做出来年的规划，多蒂的首要任务就是思考出一个完美的计划方案。莉迪亚皮革需要打造全新的面孔，采用全新的策略，而她决定做好自己的计划方案，最起码，她应做出高质量的计划方案。

她的新职位要求她关心集团项目的数量，这让多蒂回想起自己做时尚编辑工作时期。她认为，无论在哪里工作，这种讨厌的工作都需要人去完成。多蒂的计划需要获得三位品牌经理、一位设计师和一位营销副总的协助，让多蒂头痛的是，以上几位都不是她的直属下属。尽管知道，自己有一天会成为不受欢迎的人，但还是要硬着头皮去做。

公司还策划了几次预备会议，让经理们合作，为各自的方案出谋划策。公司的主会议室现在不是普通的会议室，更像是美国国家航空和宇宙航行局（NASA）的指挥中心。墙上贴满了各种信息资料，挂满了商品样品，大家给这个房间起了一个昵称——"军情室"，这里也将是他们接下来30天的"家"。

为了做好策划方案，每位经理都需要阐述自己方案的基本结构，并提出要求，请同事们帮忙。没有其他职能部门负责人的帮忙，一个人是无法完成计划方案的。多蒂对这种状况一点也不陌生，而且能够分配任务给其他人，要求他们去做，她感觉也挺好的。

最初的几份策划方案已经讲完了，而多蒂也接受了一些简单的任务。她对其他人的方案，大部分都感到不满意，不过她却提醒自己，要把注意力集中在自己的工作上。

现在轮到多蒂做阐述了。提出要求的时候，她已经完全预见到了同事们可能会对自己的方案提出意见，她要求的准备工作，对团队里的大部分人而言相当于变革，而那些人已经在公司里工作多年了。多蒂认为，如果他们想要成功，大家都应该提高自己的工作质量，多蒂只想把工作做到最好，不过她得到的回应却并不如预期。

"你想让我做什么？"设计师问道。

"你想让我把多少不同的风格拼凑到一起？"发型师问。

"多蒂，我们平常做方案的时候不是这样的。"她的另一位同事试图礼貌地跟她讲道理。

她的权力受到了挑战，不过多蒂的决心已定，她需要一个完美的方案来达成她的目标，她之所以入职，是想要一鸣惊人。这个团队要做出成绩来，不然就散伙。

"伙计们，我们需要提高工作质量，"多蒂警告他们，"以前的方式现在不管用了。近十年来，别人都轻视我们，如果我们不改变形象，我们永远也不能成功。"多蒂希望他们能明白这一点。

虽然感觉不舒服，但多蒂的同事们都尽可能表现出友好的态度，因为他们都不希望这么快就引发不必要的冲突。同事们相互平静地点点头，然后他们很快就开始忙于下一次阐述。

后来，多位经理对多蒂的态度私底下表达了不满。她是谁呀，刚入职30天就要求别人改变，还做出了这些策划？这一点也不公平。而且谁说他们遭到了轻视啊？

"与世隔绝"的讨厌鬼

一周过去了，各位经理的工作也开始呈交上来了。多蒂很快就发现，这些工作成果究竟有多么糟糕。部门里的某些人甚至根本没有按时完成任务，这在多蒂以前的公司，是根本不会发生的。而那些完成了工作的人，他们所运用的理念和方式大都是数十年前的了。

"他们像是自1987年以来就被关进了高压氧舱，与世隔绝了似的。"多蒂一边工作一边想着。他们的理念都过时了，他们的图样一点也没有吸引力，营销策略也很陈旧，设计出来的时装也很糟糕，多蒂看到这一切，感觉很惊讶。完成了工作的就是这样一群人！在多蒂看来，似乎没有人对工作有热情，没有人想让公司变得更好。"我这是到了哪里呀？"

第二次会议的时候，多蒂终于学会了保持沉默。她安静地坐在一旁，记录着同事们的意见，尽量表现得很配合的样子。然而，如果有人注意到她在写的东西，就会发现"杀了我吧"这几个字，多蒂在面前的黄色拍纸簿上把这句话写了25遍。当第三个同事起来发言的时候，多蒂终于忍不住了。

第三位的这个方案提出，在所有品牌推销和广告时都加上"天然皮革"是很重要的，这对所有方案都有重要的影响，因为这是一种必要的宣传手段。

"有没有人能解释一下，为什么'天然'的对我们而言很重要？"多蒂很认真地问道，"我是说，人们难道不认为我们的产品是天然的？毕竟，我们是一家皮革制品公司。我们应该拿出比'美国制造'或'手工制造'更有吸引力的噱头，帮助我们放弃过去的影响力。"

"放弃？"品牌经理质疑道，"为什么我们要放弃50年的传统呢？"

"嗯，因为过去的那一套显然不管用了。"多蒂愤愤地回答。大家显然都看出来了，公司的这位新成员对她看到的一切都不满意。"伙计们，我可不能拿依据你们的设计和理念做出的方案去做阐述，我希望你们回去能做出新的方案来。我们需要优秀的创意，而你们现在拿出来的显然还不够优秀。"多蒂有点儿泄气了，她的计划方案还要依靠这些人呢。

"多蒂，很抱歉，半个世纪以来，我们都是这样做的。"另一个部门的一位经理说道。

"这一点当然是显而易见的。"多蒂嘲讽似的说道，翻了翻白眼，而这个神情可没逃过在场各位的眼睛。

"多蒂，我们要说它是'天然皮革'，是因为我们把这些产品放到商场的折扣区的时候，如果没有'天然皮革'几个字，顾客们会怀疑我们的产品的。"营销经理有点儿傲慢地说。

"好吧，也许如果我们拿出一些新颖而有趣的设计产品的话，就不会只放在折扣区了。"多蒂回击道，她知道自己是正确的，也就不在意自己这时是在跟谁说话了，"我是说，看看这款冬季米色款式，这是什么？'雪地机车款'？"她语气中带着几分傲慢的口气，说，"很抱歉，我不会阐述这些的。你们应该将这份报告做到最好，我希望你们都负起责任来。"

会议接下来的时间里，就是这样子的：多蒂把每个负责人的方案中，让她不满意的地方都挑了出来——主题、设计、广告、网站、版权等等。她心底里也知道，这样对他们太过严格了，不过她很自信，她认为，无论从哪个方面而言，自己都是正确的。她这么重要的一次方案，居然要靠这样一群无能的人，这真是太不公平了，毕竟，这可关乎她的名声呢。

最后关头

还有一个礼拜，多蒂就要阐述自己的方案了，不过她这边的状况看起来一点也不好，她现在已经没有别的选择了。她的同事们所做的工作根本没过她这一关，不值得考虑。她能做的便只剩了一件事。

"我得跟他们说明白，不然他们不会懂的，"那天吃晚饭的时候，她对丈夫说，"他们需要有紧迫感，不然拿不出我们所需要的东西来。我需要做出改变。"

她也确实这样做了。

多蒂给她的同事们发送了一封很长的邮件，详述了每一位成员为了完成方案应该做的所有工作，她把所有事项都列出来了，并且发送给了参与方案策划的每一个人。多蒂认为，想要获得自己期望的结果，她就必须放大招，她还决定将邮件抄送给她的上司和参与她方案的每一位经理的上司。"这是我应该做的。"她决定了，并为第二天的会议做好了方案。

这天是周三，多蒂和同事们又该核对方案了。过去的几次会议上情况都很不妙，那天上午，办公室里居然还透出了几分紧张感，就连多蒂也能感受到。不过最近，她已经完全适应了这种紧张感。老实说，过去的两个月里，多蒂感觉自己已经跟全世界为敌了。她开始思考，自己能不能管好这个部门。

多蒂看了看手表，现在该去会议室了。她当然不想迟到，不想给她认为差劲的同事们做一个坏榜样。不过她正靠近会议室门口时，发现人事部的主管露易丝过来了。

"上午好，多蒂。"她很严肃地说。

"露易丝？"多蒂好奇地问，"你怎么来了？"

"我们还是坐下来谈谈吧。"还不等多蒂有所反应，露易丝就进了门。

这是怎么了？多蒂思考着，自被雇用了之后，她就再没见过露易丝。

"多蒂，很抱歉，我们听到很多人在抱怨你在工作中的态度，他们都说，你不适合跟大家一起工作，你好像惹恼了好几位你的同事。"露易丝看起来非常严肃。

"什么，真的吗？"

"多蒂，我当然是很认真的。你知道我们莉迪亚的公司氛围是怎样的，这是我们成功的秘诀。"

"是啊，也许20年前确实是很重要的。"多蒂内心里这样回击道，不过却对露易丝说："好吧，那么，真正的问题是什么？"

"我们听到一些人抱怨，说你在制造冲突。你对你的同事们的态度很不友好，让你身边的人们感觉很不舒服。我们莉迪亚皮革的氛围可不是这样的。"

"嗯，好吧，我很抱歉，不过我来这里就是想做一些改革，给我们的品牌注入新的活力。如果在这个过程里，我惹怒了一些人，难道这不是改革的代价吗？"

露易丝摇了摇头，说："多蒂，我希望你在跟同事们一起工作的时候，注意你说话的语气和态度。我们可不能有消极的工作环境，我们莉迪亚皮革不是这样的。"

露易丝递给多蒂一份文件。"这是一份工作表现改善方案，我们给你30天的时间，用以改变你的态度和跟同事们相处的方式。"

"好吧。"多蒂这时既感到紧张也很恼怒。

"如果30天后，你的态度得以改善，那我们就还能继续一起工作。如果我们看不到你的任何改善，你的同事们的反馈仍然很糟的话，那我们就会考虑解雇你。"

"好的，露易丝，我明白了。"除此之外，她还能说什么？

露易丝离开房间后，多蒂用双手盖住脸。"刚刚发生的是真的吗？"她快要疯了，"我试图做正确的事情，做好自己的工作，并让同事改进自己的工作方式，而现在，我却差点儿就被开除了。我究竟是怎么走到这一步的？"

/ 我们能从多蒂的故事中学到什么 /

多蒂的故事告诉我们，才干和专业技能并不能让你获得升职。事实上，如果你不恰当地使用自己的才干和专业技能，它们反而会让你的事业变得糟糕，对于像多蒂这样能干的人而言，这一点是很难接受的。你经常能听到他们抱怨，说自己的看法是正确无误的，其实他们根本就没有抓住要点，职业场所并不是真空环境。在公司中想要获胜，必须根据自己所处的环境选择恰当的策略。多蒂就对自己的工作环境做出了错误的评估。

大部分的公司都反对冲突。作为管理者，都知道应该接受合理的冲突，但事实上，却并不能接受。大部分人都不愿意忍受别人用命令的口吻说话，尤其不喜欢听命于自己的同事。多蒂却没有融入公司的人文环境，而是跟环境做斗争——没有获得成功。绝大多数情况下，一种命令别人做事的方式可不是能保证让你升职的策略。

很长一段时间以来，负责任一直是职场上的最佳表现形式，在管理圈子里，大家都会选择有责任心的人为自己工作。

我们受到的教育也是这样告诫我们的，让团队团结地工作有多么重要，同时，要求团队成员们尽职尽责也是很必要的。虽然这一条从理论上来看真的很不错，但我却不相信现实果真如此。你控制别人时，你自然会做出防御性的行为，避免让别人来控制你，因为人们总是让自己的个人利益凌驾于公司的利益之上。

说到分配工作任务，这里有两点值得注意。首先是让下属接受你分配的工作任务，因为他们要完成的工作任务，需承担相应的责任，所以，分配工作时，谦逊的态度比号令他人更有利于自己。其次就是让你的同级别的同事接受你分配的工作任务，这也是大部分管理者感到为难的地方。在我看来，对我们大部分人而言，这一条策略是有职业限制的。刚刚入职的菜鸟新手们，是没有正当的权力去命令自己的同事们的。除非同事们自己默许同意，你无法逼迫他们承担责任，也不能解雇他们。在完美的世界里，你的同事们所做的一切都是对公司最为有利而无害的，他们都能够接受批评和意见，他们对自己和他人都要求严格，不过现实中的世界却并非全都如此。

在现实的职场中，如果对公司最有利的事，与对他们个人而言最有利的事相违背，员工就不会去做——他们本不该如此。如果你对他们太过严格，或者要求他们注意工作质量和时限，这对你是很不利的，你控制他们，命令他们，不会给你带来任何好处。号令他人可能出现的最佳结果就是，他们完成了最初你希望他们做的工作，而你也给了他们一点点利益作为回报；不过出现消极结果的可能性更大，你可能会失去在公司中的盟军，你可能会使自己孤立，你可能会被视为破坏分子或难以共事的家伙，这一点比你的工作延期或质量不高更致命。

多蒂犯的错误在于，她认为同事们一定也跟自己一样，希望莉迪亚皮革做出变革。实际上，大家并不这么想。她的大部分同事在公司工作的时间都超过了十年，他们所使用的理念和设计方案是她所不喜欢的，员工们支持多蒂就是背叛自己，正常人肯定都不会这样做。多蒂盲目地要求同事们承担责任，而并没有顾全大局，这让她付出了巨大的代价。

我建议，如果想让同事完成好工作，就不要去命令他们怎样做。对能力不够的同事可以提供帮助，对他们进行指导，这能够让你同时完成自己的目标和公司的目标。首先，真诚地向他人提供帮助，通常能让你自己的工作走上正轨。命令他人可不是获得你想要的结果的最快捷方式，理解他人才是更有效的方式。其次，如果你向主要的影响者展示了你乐于助人的一面，这样，你就为自己树立了良好的形象，这对你的升职是很重要的。发现你在帮助自己的同事，那么上司就会更加重视你。帮助你的同事对你而言是个双赢的策略。

※　※　※

把工作任务分派给别人，显示不出个人的特点，而帮助同事是能够让上司将你和其他同事区分开来的行为，这有助于你升职。下面，让我们再看看乐于助人的哈里的故事，这个故事证明了帮助他人的策略能让你获得成功。

/　乐于助人的哈里的故事　/

冰屋科技公司的停车场里，车已经停满了。现在是9:05，大部分员工至少已经开始工作半个小时了。哈里狠狠关上了旧的丰田雄鹰车驾驶座这边的车门，快步走向公司的前门。"今年我开始慢跑。"他一边走进办公室，一边撒谎骗自己。哈里迟到已经是司空见惯、习以为常的事情了，通常情况下，哈里也不会多想，不过今天不一样。今天是周五，整个工程部门要召开周会，在这次会议上，每位职能经理都要汇报自己在近期的软件开发竞争中所做的工作。

哈里管理的是冰屋科技的用户体验团队，他担任这个职位已经有一年时间了。到办公大楼的路上，他回忆了一下自己来这里任职的时光，职业生涯的大部分时光里，他的主要工作就是技术支持，他可不习惯跟这么多管理者同行一起工作。现在，作为工程部的一位成员，他有五位管理者同行：建筑、核心工程、应用开发、基础设施和质量保证五大部门的管理者。每一个部门都有许多员工，而且对产品的生产做出过极大的贡献。跟这么多管理者一起工作的唯一风险就在于，每一位都需要彼此依靠来让产品发挥功效。这对某些人而言是很有压力的工作环境，因为他们对彼此都没有绝对的管辖权，要共赢就必须合作。

创造性思维

接受这个职位时，哈里就知道会遇到挑战，不过他认为，帮助用户的经历对他而言是有利的，他对产品的独特理解是许多工程师们都没有的。在任这个职位之前，他多数时间都在处理客户服务的电话。他比大多数人都更明白，产品的真实使用情况是怎样的，在处理危机这方面，哈里可是专家。

工程部的大部分人都在工作中找到了自己努力的方向和目标，他们对编程和软件开发充满热情，哈里可不是这样。坦白说，他既不是最优秀的程序员，也不是最优秀的经理。哈里总是觉得，他的管理同行们看不起他，因为他不是个地道的程序员。但他心里也明白，他有与别人不同的地方。他是个顾全大局的人，并且一直渴盼着能够在生产的战略指挥方面发挥自己的作用。

"也许我不是这世上最优秀的程序员，我也许分辨不出控制程序和编译程序。不过我熟悉我们的产品，我也知道我们的顾客，这一定会发挥作用的！"那天早上，他对妻子抱怨道，他的妻子自然总是站在他这边的。

哈里急忙朝会议室赶去。没有人愿意在召开这种会议时迟到，首先，没人愿意错过质检工程师带来的枫汁甜甜圈，没有甜甜圈，会议好像开不成，哈里对这些倒是不看重。其次，经理们经常在这种会议上展示自己的工作实力，所以他们都不愿错过这个机会。同事们之间的竞争是良性竞争，看起来和风细雨，实际上还是很激烈的。他跑到会议室，办公桌上只剩了一个空的甜甜圈盒子，哈里更坚定了决心，这次要向团队证明自己的实力。今天，他将要告诉他的上司和其他同事，他也是值得信赖和依靠的优秀员工。

独角戏

特雷西·马修斯是工程部的副总，也是哈里的上司。她坐在办公室里为会议做最后的准备时，不禁环顾了一下整个会议室。"我带的团队多棒啊！"她一边想着，一边吃掉了上午的第二块枫汁甜甜圈。

她的规划第一步做得很棒。她终于让所有的职能团队的经理都变成了能干的角色，开始让公司快速发展起来。这不是一次很彻底的变革，不过对于一个多年循规蹈矩的公司，这样做显然是在重整旗鼓。变革实施了九个月，一切状况良好。

诚实地说，改变并不是没有成效的。这个团队显然也经历了一段低落期，不过他们现在的发展速度可比以前快多了。他们面临的最大挑战就是产品整合——即把所有部门的工作成果都放到一起。不过对特雷西而言，这些障碍都是预料之内的。团队成员们首先要学会快速改变，现在他们要学着协同合作了。

"开始主计划的第二个步骤。"特雷西想。第二个步骤就是将所有小部门交给一位工程总监来主管，他要负责让所有团队同时运营。这将解决他们所面临的整合期的问题，并提高产品的质量。过去的数周里，她一直希望能从六位经理中挑选出合适的人选，并让他尽快开始工作。

特雷西轻易地就从备选名单中挑出了三位，其他人都还没有能力承担这个责任。她对六位经理做出了客观地评估，有三位非常优秀，另三位还有待学习提高。

最有资格担任这个职位的是丽莎，她是一个有20年经验的编程师，也是公司里人人仰慕的偶像级人物。丽莎最令人瞩目的是她对编程的热忱，一提到相关的业务，她可以整日无休地工作。第二位候选人是布伦特，是一位一丝不苟的C++（一种计算机编程语言）工程师，他对自己和团队的要求都非常严格。他的工作效率相当高，不过对同事和下属的要求太过严苛。最后一位就是哈里，他是一位"黑马"候选人（出人意料获胜的候选者），而特雷西观察他也有一段时间了。虽然缺乏作为软件开发者的特质，不过他还有别的优点，他有能力发掘出别人最优秀的一面，而且能以非传统的方式解决困难的问题。

"我们将看看这次会议究竟情况如何。"特雷西想着，她已经做出了决定，稍后就会公布于众。

现在是每周会议的时间了，整个工程部的人都聚集到了一起，他们吃完了甜甜圈，感到很满足。会议的过程是很融洽的，经理们轮流阐述自己的工作，与会的成员不时地向他们提问，并商讨综合性的理念和他们遇到的问题。阐述完成之后，大家的讨论就开始了。

第一个阐述的是丽莎，她就像是参加马拉松长跑快要结束了一样，显得很轻松。她主张以革新的方式升级核心机组，这让整个部门的人都感到诧异。部门里的许多人见到她自上次会议后所写下那么多的编程码，都感到震惊不已，丽莎似乎每周都会刷新自己保持的编程纪录。如果要评选部门里的MVP（最有价值）员工，丽莎可是不二的人选。但是，虽然她的阐述很令人震撼，但她却不太愿意与人交流。有那么一两次，部门的成员问，她是怎么完成自己的工作的，她为什么要这样做编程的时候，她似乎并不愿意与人分享，这似乎是她个人的秘密。

接下来是布伦特，跟往常一样，他的编程是非常干脆利落的，所有人都被他工作的精准度和理念所吸引，整个团队都将他当成了一个什么都能做好的专业程序员，他的工作总是能够通过测试和证明，工作质量是很可靠的。不过跟丽莎一样，布伦特也很难接受他人的建议和反馈，别的经理提出了解决问题的其他备选方案时，布伦特总会列出一系列理由来证明，别人的方案为什么是愚蠢的。有那么几次，他甚至表达出希望解雇别人的想法，而不是给别人做出解释。

第三个做阐述的是哈里，他的方案没有什么可以夸耀的地方，既不像丽莎的那样令人瞩目，也没有布伦特的那么高效，不过从整体上而言，还算不错。大家都知道，他非常需要他的团队来解释编程的基本原理。事实上，这次方案阐述，哈里只做了25%的工作，其他的都是他的团队来完成的。有那么几次，他似乎真的没有完全领会他的团队成员们提出的更复杂的概念。至少，这份方案报告是很不同寻常的。不过，让特雷西注意到他的并不是他做的阐述报告，而是接下来发生的事。

还有三份方案报告就是剩下的三位经理做的了——特雷西并没想过要让这三位升职。在这种快节奏的环境里，你的优点和缺点都是同样突出的。正如预期的那样，后来的这三份方案既没有前三份那么有深度，质量也不如前三份，不过它们也确实做得很好，非常好，特别好。特雷西不得不承认，这次的工作做得比之前几周的要好得多。她很高兴，也很惊讶，而且还猜测究竟是什么导致了这突然而来的变化。

讨论开始后，特雷西那个问题的答案就显而易见了。丽莎似乎根本没把其他人的方案报告放在眼里，讨论其他方案时，好像一直在打瞌睡。布伦特虽然有留意了其他方案，不过他的态度很消极。有几次，他对别人的编程码的质量提出了批评和质疑，有时候，他的话听起来像是在炫耀自己，而不是对别人提出建设性的意见。特雷西发现，其他员工越来越不舒服，越来越恼怒。

但哈里参与进来之后，整个氛围就发生了改变。

"伙计们，让我们先回顾一下，"哈里准备好要表达一些看法了，"自我们上次会议之后又过了很久了，你们都应为自己的付出而获得回报。"他说。

"不过还不够清楚明白。"布伦特反驳道，他从来都不愿让步。

"不过方向还是对的，难道你不这么认为，布伦特？"特雷西第一次插话道。

"嗯嗯，是的，我认为如此。"布伦特说着，他很机灵，知道什么时候该认输。

"很好，因为我很骄傲你们所做出的工作，谢谢你们每一位参与其中的人。"她最后说着，奇怪地看了一眼哈里。

会议前的准备

其他经理都没注意到，会议开始的前几天，哈里就跟特雷西不够看好的三位见过面了。因为他注意到，之前的几次会议上，这三位的工作质量完全赶不上其他人，所以，他向他们提供了帮助，让他们准备好这一次的会议。他很诚恳，一点也不傲慢，而他们对他的帮忙也很感激。

丽莎和布伦特都只关心自己的工作，而哈里不一样，他已经计划好要拿下工程总监的职位。哈里明白，他需要做出跟他的同事们不一样的表现，因为他无法拿出优秀的编程设计方案，他就想让特雷西认为他是个优秀的领导者。他希望，他的上司能够发现，他在提高产品和团队的质量方面究竟有多么能干。他的这个想法是正确的。

因此，当哈里的对手们都在批评或漠视别人的方案报告时，哈里却在尽可能地帮助他人。他已经向特雷西不看好的同事们提出过好几次意见，也多次帮助他们解决问题，以便让他们的工作顺利进行下去。特雷西觉得，除了日常的工作，还要抽时间看管那些并不太强势的团队成员，实在是负担太重，而哈里主动提供帮忙就像是上天赐予的礼物，哈里这类人正是她在寻找的领导者。

那天下午，特雷西召集管理团队成员，开了一次简短的会议，因为她已经做好了决定。

一开始，她先感谢了所有人："伙计们，我知道，过去的九个月里，我们一直都是团结协作的。大家都很忙碌，你们都付出了自己的努力来让我们的公司更进一步，我要为此谢谢你们。"听到这话，大家都微笑着点头向她示意。

她继续道："现在，我们的成长要进入下一阶段了，我们更需要依靠最优秀的领导者，因此，我决定增加工程总监这个职位，担任这一职位的人将成为我的直属下属，管理所有开发团队。经过仔细考虑，我将任命哈里担任这一职位，祝贺我们的工程总监哈里！"

/ 你个人的"策略"：不要号令他人 /

我们从多蒂和哈里的故事里学到了很多。在我的职业生涯早期，就曾做出过数次多蒂那样的行为。大多数有天分的管理者，看到自己的下属和同事没有尽到职责做好分内的工作，就很容易恼火。多蒂就是无法控制自己，总是希望别人能够为不够好的工作而负责，即便是这对自己的升职无益，她也仍然坚持。我们从哈里的故事里学到的是，首先要选择制胜的最佳策略，然后采取相应的方式去施行。盲目地让他人做好自己的本职工作，对你的同事和下属要求严格可不总是有利于你升职的办法，不要忘记了你自己工作的主要目标——获得升职。以下是一些策略，能够让你专注于帮助他人，而不是要求他人做好本职工作。

1. 明确自己的权力，首先要确定你是否对某人或某个团队拥有掌控权。如果他们是为你工作的，那你就有这个权力；如果不是，那你就没有这个权力。你拥有的权力决定了你应该选择帮助他人还是要求他人负责，做好自己的本职工作。

2. 接受他人意见，而不要太过情绪化。许多人都不乐意听从他人意见。我发现，即便我内心非常恼怒，我也愿意对跟我一起工作的人提供帮助，而不是批评他们。

3. 帮助他人要让别人知道。如果没有重要人士发现，就算你帮助了他人，这也不会让你获得加分。要找机会让你的上司们知道，你在为同事们提供帮助，这样，在时机成熟的时候，上司就会发现你的领导才干。

第五章
Chapter

5

反思：重建你的观念

到目前为止，我们在本书中讨论了许多职场策略。接下来，我们将从实用的角度，将所有的新策略都列出来。我们已经知道了，真正的公司氛围是什么样子的，而非能力型管理者又怎样实施了特定的策略来应对。对我们而言，最关键的一点是，要"剽窃"他们最有效的策略，将它们用于我们自己的职业生涯中。在查看我们的"策略"之前，先对已经知道的知识做一番快速浏览。

/ 你的职场环境：不完善的公司 /

虽然媒体在报道中都对公司环境和氛围进行粉饰，不过无论是华尔街上的商业偶像，还是我们每天都能耳闻到的无数的成功故事里，所有的公司都有本质上的缺陷。我们总认为公司的环境是合理公平而有秩序的，然而事实却并非如此。我们都愿意相信职场就是精英社会，努力、聪明、诚实可靠是成功的垫脚石，但它们并不是如此。我们常常告诉自己，要注重工作结果，只要对工作热心、敬业，就能更靠近自己的职场目标，但事实并非如此。

公司都是由人创建和组成的，所有人都追求自身的安全和满足感。公司都有自身的缺陷，因此我们做出股票投资计划，并为公司的未来发展制订看似完美的计划方案，试图用这些来掩盖公司的缺陷，其实，我们也都明白，公司最终还是由人来主导的。公司集团的高管办公室，从来都不是留给最聪明、最勤奋努力的人的。

以下是一些不为人所熟知的策略，每一位经理都需要将它们纳入自己的职场"游戏规划"之中，以便适应真实的公司环境。你的职场首要目标和个人积分榜都需要做出相应的改变，以确保你所做的是真的能帮你升职的事务。接受你所在的公司的不完善之处，不然你就是那种聪明却升职慢的职工，你就只能看着能力不如自己的人获得升职，出人头地。

/ 竞争者：三种主要类型 /

公司里可能有各种各样的员工，他们的技能、个性和负责的工作都不相同，不过我们出于自己的目的，将公司的低层管理者分为三种类型：聪明却升职慢的管理者、非能力型管理者和"迷糊"的管理者。这是读者们需要注意的人物类型。

我自己就很喜欢聪明却升职慢的管理者，你们许多人都认为自己是这类型的人。这群人聪明能干，不过他们虽然非常努力勤劳，但似乎无法获得升职。他们拥有这世间最佳的潜能，不过要想获得所期望的成功，必须改进原有的职场策略。

第二种类型即非能力型管理者，他们看起来并不具备大家认为的成功所需要的技能。然而，他们是职业管理"黑暗艺术"的专家。你的公司之所以有那么多看似无能的人，但却获得了无与伦比的成功，正是因为上述的理由。我们不要看不起非能力型管理者，要对他们进行深入的研究，要"剽窃"他们最好的职场策略，以供己用。

最后是"迷糊"的人。这种类型的人是职场上的"配角"，你只能拿他们做反面教材，无论如何都要避免做出他们那样的行为，除此之外，他们再没别的可供你学习的了。

要实施你的职场新策略，首先就要了解你的竞争对手。看一看你公司里的同事，在他们之中找出上述三种类型的人。这能够帮你跟合适的人建立人脉关系，促成你的升职。对自己做出诚恳的评价，明确自己的个性特征，并采取必要的步骤加以改进。

反思：重建你的观念

你的"策略":职场成功的七大要素

经过多年的调查研究,我挑选出了能够管理好自己事业的七大要素。这些要素则都是取自那些虽然才智不够,也没有相应的职业道德,但却收获了事业成功的管理者的"策略"。把这些和你的天赋与技能结合起来,就能让你平步青云。我们回顾了一些寻常的案例,看到了那些非能力型管理者为何有本质上的缺陷,但却能收获成功的理由。对我们而言,最关键的是,将这些要素"搬到"我们自己的"策略"中去,这样,我们也能在不完善的职场环境中获胜。

1. 不要对自己的想法和理念太过热衷

很多人都希望成为引导变革的领袖人物,并将史蒂芬·乔布斯和马克·扎克伯格当作自己的偶像,因为他们富有创业激情,又坚持不懈。不过,每一个乔布斯式的人都知道,实施以激情为主的职场策略,成功和失败的人比比皆是。按我自己的经验来看,保持客观冷静比保持激情四射要有用。最保险的方法就是考虑到所有可能的解决问题的办法,而不是只想用一种方式去达成目标。你的方法和观念对你而言很重要,但"你"可就不重要了。最重要的是"什么方式"。专注地帮助你所在的公司客观冷静地评估理念方式,而不要太过急切和激动。

2. 接受别人所讨厌的改变

人天生就不喜欢改变，不过升职的最佳时候却是在充满变数和不确定的时候。这种时候，例如收购或是管理层人员变更的时候，机会是最大的，因为和你竞争的人心情是最糟糕的。这时候，你的竞争者们都在反对改变，并担心未来，而你就应该实施自己的升职策略了。你的"策略"应该灵活多变，这样机会出现的时候，你才能够牢牢把握住它们。

3. 学着为自己的工作"打广告"

我们总是错误地认为，工作表现好，就证明工作能力强，尤其是有很多工作需要完成的时候。作为管理者，在面对困境的时候，也总是先关心自己的工作，而不看重升职，这可是职业灾难的前奏。这会让你对公司里的职员们做出错误的评估，尤其是那些不在你这个部门的职员，你会错误地认为，他们跟你对成功的定义是一样的。公司的事务都是由人来决定的，你应该让你的上司明白，你的工作对他们有什么样的影响比工作本身更重要。在执行工作之前、之时和之后，为你的辛劳打广告是成功的关键因素。实施这样的策略，就算工作的成果不太好也没有关系，甚至还是你工作失败后的保险措施。

4. 不要过分注重结果

虽然你的上司经常要求你认真工作，而你所受到的教育也是这样要求的，但目光短浅地重视短期的目标和结果可是会让你的事业遭受"监禁"一类惩罚的。通过研究非能力型管理者的策略，我们知道，拓展自己的技能比完成短期的目标对自己更有用。作为管理者，我们所面临的挑战就是将个人职业目标（升职）和公司的目标（达成结果）区分开来。从长远的角度而言，拓展你的专业技能比完成公司所要求的工作对你的职业更有利。不过，你也要把握好分寸。为了让升职策略获得回报，你不能完全忽略掉短期的工作成果，忽略掉所有的成果显然也不是明智的策略。

5. 不要跟喜欢抱怨的同事打成一片

我们总是习惯于跟我们的同僚和职位比我们低的人一起闲聊，因为这能让人感觉到惬意。事实上，这只是在浪费时间。在公司里，要想收获成功，你就需要表现出自己特立独行的一面。与喜欢抱怨的同事打成一片，起的作用刚好相反，下一次，如果有同事想跟你闲谈抱怨，你最好避开，你应该思考一下自己的升职策略，并努力实施。在下一个部分里，我们将学到究竟应该怎么做。

6. 寻找机会去完成公司的大目标

在职业发展过程中，小胜利和诚实可靠的表现并不能为你加多少分，一场大胜利所赢得的分数大概相当于五场小胜。依靠诚实可靠在职场打拼的管理者只会因他们所犯的错误而知名。跟小胜利不一样，职业生涯中所犯的错误更容易被人记住，更容易吸引他人的关注。追求完成重大目标，即使出现了小错误，对你的升职也是更有意义的。参与公司的重要项目，能够让人们记住你，能让你获得你们部门以外的人们的关注，而且它们通常也无须你冒太大的风险。

7. 不要强迫别人完成工作

指使他人完成工作是我们普遍使用的一种现代职场原则，我们都快控制不了它的作用了。虽然员工和管理者彼此承担相应的责任，做好自己的本职工作对整个公司有利，但却不能让你获得升职。按我的经验来看，尽量给别人提供帮助，而不对他人指手画脚，对你更有利。在现实中，人们更倾向于聘用、提拔他们喜欢的人，发号施令的人是得不到欢迎的。此外，帮助他人更能树立管理者的形象，让人们愿意跟你一起奋斗，为你工作。有原则的帮助行为能够树立你的威信，最终让你获得升职。

有了这些基本理论知识，现在，我们要来制订行动规划了。

反思：重建你的观念

第六章

行动：你应该怎样做

让自己升职有时候就像是参加一场马拉松比赛，要升一级可能需要两三年的时间，这也是我们许多人都选择做好日常工作，而不使用制胜策略的理由。关心短期的目标和结果，执着于工作过程中的细枝末节，会让我们更轻松，毫无压力。按我自己的经验来看，要让事业获得快速发展，不付出长期的努力是不行的，这听起来违反常理，但却是事实，不过，好就好在你可以马上开始行动。

本章安排了一系列任务，你们可以马上实施，如此能改善你们的职业前景，而且不用花费好几年的时间去等待投资所得的回报。以下是一张简单的任务清单，能助你们走上正途，而且一天之内便能完成：

1. 确定能够影响你工作前景的人。

2. 建立基本的决策。

3. 制订一个"推广"计划。

4. 建立学习日程。

5. 创作灵活的"剧本"。

6. 找到"重大项目"。

7. 找到合适的人寻求帮助。

/ 确定能够影响你工作前景的人 /

确定能够影响你工作前景的人，是适用于每一种有效的职业管理策略的一种重要工具。这种工具的作用力，只要提及，人们就都会赞同。不过却极少有人愿意把它们写下来，不要犯这种错误。今天就花10分钟时间，把你公司里能够影响你事业的人都写下来。这些人可能包括你的上司、你上司的上司、某些重要的同事，以及其他部门要依靠你的工作而进行工作的人，就连客户和合作伙伴都可能会影响你的升职。可以把范围尽可能地扩大，别人对你的成功和失败能产生什么影响，请想透彻一点。

我在确认别人能否对我的升职产生影响的时候，经常采用如下七条标准：

1. 资历。这个人在公司集团里的资历比我高。

2. 风险。这个人可以解雇我，或者对解雇我有影响力。

3. 权力。这个人可以提拔我，或者在以后的提拔工作中有影响力。

4. 影响力。这个人应该在公司里很有影响力，有很多人愿意听从他。

5. 令人害怕。这个人应该很挑剔，有点难以与之共事。

6. 公信力。这个人对我的公开支持，应该对我的事业有利。

7. 未来。这个人应该前途无量，很快就能得到提拔。

以上的七条标准，我们可以用1分到5分来评判其影响力大小。然后将分数相加统计出来，这样就能知道，在做规划的时候应该怎样安排目标的优先顺序。

既然我们已经列出了清单，自然就能够制作出简单的图表，并通过这份图表来筛选可能对我们的事业产生影响的人，图表如表1所示。

表1 影响者名单及排名示例

我的影响者名单

姓名	职位	与我的关系	资历	风险	权力	影响力	令人害怕	公信力	未来	总分	排名
弗雷德·布朗	营销副总	我的上司	4	5	5	2	2	4	3	25	2
杰夫·史密斯	销售副总	我上司的同僚	4	2	3	5	5	5	5	29	1
梅莱涅·格林	产品副总	我上司的同僚	4	2	2	3	4	4	3	22	4
布莱恩·杰克逊	销售总监	我的同僚	2	1	1	5	5	5	5	24	3
嘉文·里德	产品经理	职位比我低一等级的同事	1	0	0	4	5	2	3	15	5

留意一下，当你跟我一样，使用多种标准的时候，那么影响者资历就不再是唯一的影响力决定因素。评判一个人对我们

行动：你应该怎样做

工作的影响力的时候，要考虑多重因素。事实上，你列出的清单可能会比我列出来的要长得多，你的清单里可能还包括自己和公司其他部门里的许多同事。你会发现，虽然我是营销部门的员工，但对我的事业影响最大的却是销售副总，这主要是因为，他对其他部门的工作非常挑剔，得到他的肯定，公司里的其他部门很快都会知道，受到他的批评也是如此。我在呈交工作结果之前，总要花时间让他知道我的工作。我相信，他的认可和支持比工作质量本身还要重要。这样，我后来发现，我的选择是正确的，并且最终获得了升职，还进入了他所属的部门。

接下来，我们就进入了影响者方程式的第二部分：怎样让他们发现你。最重要的问题是：一旦你知道你需要与谁拉近距离，那你究竟会做些什么呢？这个问题的答案跟本书的内容息息相关。我认为这个规划包括了两个部分：其一就是要与影响者们拉近距离，搞好关系；其二是采取策略性的行为，引起他们的注意。之前，已经谈到了工作的影响力，以及在做工作之前、之时和之后，积极采取手段进行推广的必要性。这种情况下，与影响者拉近距离，可以保护我们免遭工作失败的负面影响，而且还能展现出公司人性化的一面。

从另一方面而言，与影响者拉近距离能够让你跟其他同事区分开来，并且与你的主要影响者建立战略联系，且均是长期的行为。这种联系通常会让其他人觉得不舒服，因为他们会认为这种行为是向公司高层溜须拍马的行为。我曾经至少有十年的时间嘲弄那些所谓溜须拍马的人，并跟我的同事们开玩笑说，他们混到这个地步有多么可怜。我曾经认为，这不是我应该做的事。当然，我也曾花了相当长的时间嫉妒那些我取笑的人，因为他们不断地晋升，而我却一直止步不前。与影响者拉近距离，甚至只是你部门里的领导者，也是需要策略的，它是你升职行之有效的高效策略。

最简单的办法就是将那些能够影响你升职的人按优先顺序排列出来，并制订出相应的影响力时间表。从本质上而言，这就是提醒你，至少每个季度要跟那些比你职位更高的影响者会面一次，跟你同职位级别的影响者的会面则是每月一次。会面的时候，只关心基本的关系建立，并且尽己所能地不谈论工作和专业方面的问题。从根本上来说，你需要跟这些人建立友好的关系，这样你才能够向他们展示你的才能。人们都希望自己身边都是自己喜欢的人，我们都知道，这也是上司们聘用和提拔员工的原则。当你跟能够影响你工作的人见面的时候，你还必须要充分理解他们最重要的目标。一旦你明白了他们的目标，你就能找到机会去帮助他人。

我不得不说一句，读到这里，人们总是思考，这个家伙真的希望我列一份清单，并让我预约跟上司的上司去搞好关系吗？是的，确实如此。但你这样做的时候不必要忸忸怩怩不情愿，你这样做并不是去向他们提要求、拍马屁，你只是拉近自己与他们的关系，并了解他们希望达成的目标，其他的一切都顺其自然就好。无论你自己是否喜欢这样做，这才是人们在公司里获得升职的方法，如果你不这样做，那就只能被你的竞争者们甩到后面去。这是很关键的时刻之一，如果你不像非能力型管理者那样思考是要付出代价的。别人怎样看待他们，别人是否认为他们是在拍马屁，他们丝毫不介意，而且会用任何可能的策略去获得升职。像他们那样去做吧。

明天就制订自己的规划，并利用自己的"策略"中最强劲的策略。非能力型管理者们总是这样做的，因此，他们虽然有自己的缺陷，却仍然能收获成功。你也可以想象一下，你这么有才干，如果也这样做的话，会获得怎样的成效。

/ 制定好职场策略 /

职场策略是手上的重要工具，花15分钟就能制定好，而且可以重复使用，还能帮你端正客观地看待事物的态度。我会找寻任何机会提醒旁人，我是客观冷静的。当我公布自己的新策略和理念的时候，并不介意公司是否会采纳，我也不会去考虑，哪一种策略对公司更管用。

我们在之前的故事中领教到，傲慢和狂妄的态度总会阻碍我们，让我们无法客观冷静地看待眼前的状况，这样，我们就会犯错。只坚持某一种观念风险太大，而且会让你认为，你坚持的是最佳的行动策略，不管你做什么，其他人也会赞同的。对你的职业更有利的是，你要经过深思熟虑之后，制定一个适合你的职场策略。按我的经验来看，遇到问题时，不要马上做决策，请别人帮你一起来商讨解决问题的办法才是更安全的方法。当问题没有解决好的时候，责任不会只落到你一个人头上，也不会对你造成大的负面影响。此外，如果你经常这样做，那么你通常就能够让你的团队做出积极正面的决策来。

下文的表2列举出了一种决策范例，任何情况下几乎都可以使用。我基本上一个季度要使用两到三次，从没有让我失望过。要注意的是，这个部分里没有提到"推荐决策"。不要自己做决策，而应该引导团队集体做出决策。书中的范例是很容易使用的，它包括如下五个部分：

决策内容：只需一两个句子描述即可。你需对职场状况做出评估，并确定你的上司们在考虑升职人选的时候需要考量的因素。

决策条件：这是基本决策的最重要的一个方面，在本书的这个部分里，你需要分辨主要的目标，必须谨慎小心地去达成目标。这样，你就不是专注于任何特定的理念和方法，而是坚持经过深思熟虑去做决定。前者会让你看起来过于情绪化，而后者却能让你保持客观冷静和理智。

决策选择：这个部分很简单，你需要选择两到三种可行的行为方式，只是要注意，你做出的选择要经过深思熟虑。如果你只选了一种你认为合理的方式途径，其他的都不考虑，那么这种基本决策会产生事与愿违的结果。如果你的决策方案是仓促得出的，其他人很容易就能感受得到。

选项得分：我总是将选项放在表格的顶部，而将限制因素放在左侧。我把分数的部分留白，让团队成员们为每一个选项打分，从1分至5分不等。不言而喻，让人们这样做能体现你的领导能力，让团队成员们都参与选择决策的过程，让他们自己选出最终要实施的决策，这也是你应对失败的保险举措。

决策推荐：之所以留出这个空间是为了让大家明白最终做出的决策。万一你以后需要呈交给高管们，或者证明自己做出这个决策是经过深思熟虑的，这个部分就会发挥作用。

表2 基本决策示例

日本上市策略——基本决策

案例讨论：

公司面临一项决策，需要决定该怎样才能进入日本市场。这次良机可以让公司在接下来的五年获得4000万美元的利润。现在的关键问题是：为了获得最多的利益，并将风险降至可控范围之内，哪种上市策略方案是最好的？

决策条件限制：

公司使用的恰当的策略必须满足如下条件：

1. 作用。它必须要利用我们在地区的现有的合作伙伴关系。

2. 避免冲突。它不能跟我们如今的市场产生冲突。

3. 投资回报率。第一年至少要有10%的投资回报率。

4. 利润率。利润率必须保持在65%以上。

5. 上市时间。必须要保持先入市的优势，不能被竞争对手们取代。

决策选择：

要将市场拓展到日本，公司有两种可行的方案：

1. 直接进入，快速开拓市场。

2. 用间接的方式，发展跟当地公司的合作伙伴关系，借它们进入日本市场。

行动：你应该怎样做

217

基本决策示例

选项评分		
条件	决策选项1：直接进入市场	决策选项2：间接进入市场
作用		
避免冲突		
利润率		
利润		
上市时间		
总分数		
决策推荐： 有待讨论		

  将以上图表制作成电子文本，或是直接画在白板上，每次要用的时候就能马上用得上。你不用再担心不知道正确的决策方案了。非能力型管理者们多年来都是利用这种方式的，现在轮到你了。

/ 制订推销自己而升职的计划 /

  这个计划听起来很简单，我也不会将它阐述得太过复杂。你会惊讶地发现，那么多经理和年轻的公司管理者心中并没有为自己的工作进行推广的想法。有的人，虽然有这种想法，他们通常对此并没有太多创意可言。没有人向我推销过自己，太遗憾了。因此，如果你只是在坐等别人来欣赏你的工作，并主动提拔你，这可真是犯了个大错误，这可是一条被动的职业管理的策略，如果这还能被称之为策略的话。

正如我多次提到过的那样，你事业的首要目标是升职。这也是你为自己的私人"股东"——即家人和朋友们达成个人目标和追求的方式，工作上的其他事务都要排在其后。实现你的个人目标的唯一方式，如赚更多的钱，获得更多利益、假期、退休金和其他奖励，就是获得更大名声，并升职。我猜，并不在乎这些的人，很久之前就放弃了阅读本书吧。因此，如果你想要获得升职，那你就要做好相应的升职计划，如下文的图表3所示。

图表3　推销自己的计划示例

目前职位：产品副经理

职位	影响者1	影响者2	影响者3	最大的差距	学习计划
产品经理	产品副总	产品经理约翰·S.	营销副总凯特·M.	建立优秀的需求文档的能力	1月：实用的营销案例训练
内容营销经理	内容营销总监	内容管理经理简·P.	产品管理副总	写技术博客的经验	2月：最佳的博客写作技巧训练
产品维护经理	用户体验总监	产品副总	维护专员代夫·C.	产品检修	3月：一周的产品维修经历

做这种计划，首先应明确自己的晋升目标。在特定的时期

内，通常可以考虑1到3个可能的晋升职位。我建议，在考虑这些职位的时候，想法要有创意，并将目标职位拓展到目前的部门或事业单位以外的地方去。

一旦确定了自己的升职目标，就能明确能够影响你升职的"影响者"，以及可能阻碍你升职的人。在我们之前的影响者规划里，就应明确这些人的身份。

还应向主要的"影响者"做如下的行为：1.声明你想要晋升到某职位的意愿；2.弄明白应该怎样获得升职；3.在准备的过程中要求他们对你提出建议。许多管理者可能认为，这种交流是拍马屁的行为，也有很多人认为不该这样做。他们不能犯这样的错误。你跟你的"影响者"们提及升职时，你并不是要求获得升职，或让他们做出承诺，在某个日期之前一定提拔你。你只是在让他们知道，你想要获得升职，而且无论需要等多长时间，你都会为之不懈努力。这是能让你知道该怎样努力弥补缺陷，或做出怎样的改变的唯一机会。即便你还没有做好准备，也应明白你距离目标职位还有多远的距离，还应采取什么样的策略去获得职位，这是很重要的。有多少人之所以没获得升职，就是因为他们不知道该怎样努力，如果你知道这样的人是很大的群体，你应该会感到惊诧的。只要游说你的"影响者"们，让他们帮你获得升职，你就能收获颇丰。大家都尊重这样的雄心壮志，你不会获得消极的反应。

升职计划的最后一步，就是把这个计划跟你的学习日程联系起来。我们将在下一个部分了解更多的相关内容，不言而喻，每一次升职你都要设置特定的学习目标，这样，你才能缩小你当前职位跟你的目标职位之间的差距。

这种策略，大家都赞同使用，但却没有人真正使用过——除了那些总是能获得升职的非能力型管理者们。重视以上这些步骤，并主动安排好升职计划的实施步骤。

/ 拟订学习规划 /

学习规划是我用以拓展自己技能的工具，它跟我们将要使用的许多其他工具息息相关。没有这个规划，我会很容易忽略职业规划中的这个重要步骤，只拓展自己在某项专业技能的知识是不够的。正如我们之前的故事所示，成为专家并不能让你获得升职——可能会让你保住饭碗，但肯定不会让你升职。

至少每月制订一次自己的学习课程和目标，并将它纳入你的升职和影响规划之中，这是很重要的。我总是喜欢先为每一个季度选三个课题，然后每个月做一个，至少其中两个课题是与我本职的专业无关的。简单的学习规划如下文所示。

图表4　学习规划示例

我的学习规划　　　　　　**时间：2014年第一季度**

升职目标	学习目标	学习主题	学习方式	学习月份	完成情况
产品副经理	建立优秀的需求文档的能力	产品需求最佳方法	主要的	1月	已完成
内容营销经理	培训最佳的博客写作技巧	博客写作范例	次要的	2月	正在进行中
产品检修经理	熟悉产品检修相关知识	常见的技术修复方法	次要的	3月	有待完成

我们通常都会越来越熟悉自己所擅长的领域，越熟悉自己的工作，做起来就越得心应手，就不想去学习其他东西，这其实是错误的。如果你是个定价专家，那就不要耗费宝贵的时光，成为这世间最伟大的定价者；这不会给你的升职创造非常有利的条件。有多少高管升职是因为他们擅长自己的专业的？因此，如果你已经有了这方面的专长，我建议你将自己的学习课题定为专利许可、销售和分配机制等领域。这样，你就是在拓展与本职相关行业领域的知识，你就能树立一个能管理更大的团队、承担更大责任的管理者的形象。拓展了自己的技能，创造了一个多方面能力的管理者形象，你就拥有了更多的升职机会，自然最终就是会让你升职了。

一旦确定了自己的学习目标，并将它们纳入自己的升职计划之中，接下来，就该抽时间学习了。抽时间学习，说起来简单，做起来难。以我的经验来看，许多年轻人根本没有时间来拓展自己的技能，因为他们太过专注于完成短期的目标和任务了。因此，你需要找到方法，逼迫你自己每天学点儿什么，以便拓展自己的技能。我喜欢早晨一起床就开始学习，因为这时我精力更加充沛，而且我也找不到什么借口不学。每天早晨，我都要花30分钟时间来阅读我的学习课题。如果非常忙碌或疲累，我就会看视频广播或是博客。我建议你们在博客RSS（简单讯息聚合订阅）里订阅自己学习的领域里的顶尖专家的博客，这样，在你需要的时候，你总能查阅到相应的资料。

　　最后，还需要让人们知道你的学习规划。学习，但却不告诉其他人，对你的职业策略无益。拓展自己的技能当然是很有必要的，但如果没有人知道，你就会一直是公司里最底层的管理者。我就总是找机会把我的学习成果告诉我的"影响者"们。你可以告诉他们你最近学到了些什么，并让他们根据自己的经验和自己在相关领域的知识，为你提供必要的指点和建议。这样做，他们并不会认为你是在夸耀自己有多聪明，而是认为你在向他们寻求帮助和指导。

行动：你应该怎样做

非能力型管理者们获得升职，是因为他们对多方面的知识都有些许的了解——也就是"多面手"。现在就开始"盗用"他们的策略为你所用，拓展自己的技能吧。

/ "策略"灵活多变 /

公司混乱的时候是你升职的最佳时机，此时，你的事业遭遇重大起伏。我发现，在遇到重大变革的时候，实施自己的升职计划是很有效的。真正制订出计划，提醒自己，应该将计划付诸实施了，这比做出情绪化的反应，表达对改变的不满更加重要。和确定"影响者"的规划不同，这次规划不需要什么电子文本或示例，只需把它们记录在记事本里，确保不忘记就好。

最近，我遇到了一位同行，我们畅谈了一个小时。他告诉我，他真的受不了自己的新上司，真的不知道该如何跟他相处，他和他的同事们都很怀念他们的老上司。虽然在他的述说中，他和同事们对新上司还是很礼貌的，但还是很容易看得出，他们并没有把握好这个变化的机会。那些与已经发生的改变做反抗的人，通常都很幼稚地期盼着自己的不满能够让时光倒流，这类人通常都把握不住管理层人员变更时期的机会。在这种时候，如果你的同事们都在散播那个恶毒的新上司的谣言，抱怨他，你就应该跟他建立良好的关系，并找到合适的方式帮助新上司度过这一时期。站在变革的获胜方阵营里，就像是比赛的时候选好制胜的球队一样重要，因为这是需要特定的策略的。保持积极乐观的态度，与最终的获胜者联盟，是你收获事业成功的关键所在。

我写下三个基本策略的重点内容，遭遇变革期时，用它们来指导自己的行为。它时刻提醒我：你的目标是在公司获得升职，而不是表达或发泄自己的情绪，如对状况的改变感到遗憾等。以下是"策略"示例：

图表5 改变期"策略"示例

改变：营销和销售合并

1. 重新确定我的"影响者"名单

   销售副总现在是主管，我需要把他纳入我的"影响者"名单之中

2. 确认过渡方案

   志愿为团队的工作方法联盟委员会服务

3. 主要行动

   跟销售副总预约吃午饭，以及协助销售总监召开会议。

我首先关注的是"影响者"名单，这个名单的改变应该是公司部门发生变化的结果。我简要列出了在新环境中的关键人物，以及能够对我的成败产生重要影响的人物。我唯一需要小心的是，我的思想不能情绪化，要清楚地认识到哪些人是对我的事业有影响的。有时候，在主管上司发生改变的时候，可以提醒自己，要当作没改变那样去做。

　　然后，我就要留意，公司即将实施或者已经做好规划的主要过渡方案是什么。我要参与其中，无论做什么，只要能参与进去就好，可能是联合会议、系统整合、实践范例分享，以及一系列其他事务等等，做这些都是帮助公司把旧的运营模式改换成新的运营模式。从表面上来看，这是在即将加入这些新的团体之际，在以上的会议中提出自己的意见和建议，帮助公司度过过渡期，事实上，这是在证明自己的领导才干，并融入将获胜的团队之中。

　　最后，我考虑的是怎样在变革期升职，尤其是，采取哪些举措主动谋求升职。这可能包括跟新上司会面，弄明白他的首要目标以及所面临的问题，在公司合并之后可以带一两位新同事出去吃饭。在充满变数的环境里，细枝末节的小事和友好的交谈可能会带给你最佳的升职机会。如果你发现自己还是按以往的老习惯，忽略掉周围环境中的混乱，你应果断停止这样做，翻身投入其中。

抓住改变的机遇，最重要的是对待环境的态度。加入制胜的一方，不要随大流去抱怨、遗憾、缅怀过往。寻找机会，在混乱中展现自己的领导才干，此时，这种机会很多。这也是非能力型管理者表现良好，而其他人却表现不好的典型时刻。在混乱中运用正确的策略获取胜利，让自己升职。

/ 找到"重大项目" /

这个话题无须太多讨论。正如我们之前讨论的那样，参与重大项目让我们有了在公司里升职的条件。你诚实可靠地完成好日常的工作，最多只能保住饭碗。通常，当我让人们出去寻找"重大项目"的时候，他们都是露出一副"我的工作中并没有什么重大项目"的无奈神情，这不过是我们为错过成功的时机所找的一种借口。定下心来，有点追求，参与到别人的工作中去。这里的关键点是，加入某个能够引起别人关注，能够创造利益的工作中，证明自己是个优秀的管理者。不要对某种策略和选择太过执着、热心，保持客观冷静的视角，为公司做出能够发展或进步的选择。让自己参与到重大项目之中，这一点非常重要，甚至这个工作项目究竟是成是败都无关紧要，这样做，人们会把你视作有能力的人。也许这些重大项目会让你很有压力，也许它们都跟你的目标毫无关系，但无论如何，你都要去做。

/ 确定你要帮助的人 /

要获得升职，你就要让上司们高看你一眼。最好的实施策略就是被上司们发现，你在公司里是怎样帮助和指导你的同事的。明天就可以开始这样做。当大部分同事都在号令、批评其他人的时候，找机会去帮助他们，不要命令他们做好自己的职责，而是为他们提供帮助和支持，而且还要让别人看到。不过这需要控制好自己的情绪，因为有可能这个人拖累了你，影响了你完成自己的工作。

列出几位无法高效完成工作的同级别的同事和下属的名字，确保这份名单里，你的同级别的同事比下属要多。帮助你的同事比帮助你的下属更有效果，因为帮助你的下属是你分内的事。这份名单中的人是所有其他管理者所抱怨的人，是那些阻碍工作，不按时完成工作，工作质量不高的人。你不能跟其他人一样，让他们难以在公司里继续任职，而是要寻找机会减轻他们的负担，然后，你就要让所有人都知道你在帮助他们，这样，你就树立起了领导者的形象。等待别人发现你的领导者才干，通常需要很长时间。

这份名单你一定要牢牢记在脑海中，虽然我总是推荐你们写下来。我发现，记住需要帮助的人，能让我真正付诸行动。以下是我会去做的事：

图表6　帮助他人示例

帮助以下的目标人物获得成功，并让人们知道是我在帮助他们。

艾瑞克·M.

下一次他的交易汇总做得糟了，就把他拉到一旁，教他该怎样做一份合格的交易汇总，确保他是按我教导他时用的模板做的。

丹·S.

帮他做好多余的工作，他一直不太清楚标价、市面价格和批发价格有什么差别。

道森·K.

给他做一份更好的管理报告仪表板范例。他的报告里包含了太多没人关心的内容，让他看看我是怎么做的。

这份清单内容很简单，没有什么难以理解的地方，它确实管用。你们都知道，非能力型管理者都是乐于助人的，这也是他们之所以能获得升职的原因，将这一点放进你的"策略"之中，树立起自己的管理者形象吧。

现在就开始行动

如果你现在的状况跟我刚入职的前15年一样，按传统的职场策略行事，那你会一年比一年不得志。虽然你很努力，也很有才干，但似乎就是升不了职。通常，你都会看到，某些人虽然才干不足，却收获了成功。你可能会抱怨，这不公平，你可能还会想，为什么那些非能力型管理者很轻易就能升职，而我这么聪明又能干的人却没有升职呢？

正如我们之前所讨论的那样，首先，应该理解公司真正的运营方式和大家所认为的不一样，公司并不是一个合理的器械化的世界，它们从头到脚都有缺陷，而且都是由人操纵运营的，并没有什么逻辑可言。精英社会在现实生活中是不存在的，你不能等着公司去发现你所做的贡献，并以升职为奖励奖赏你。传统的职业策略对你是没用的，你需要主动寻找并把握升职的机遇。

你虽然认为非能力型管理者好像不很优秀，但你还是需要从他们身上汲取经验和教训。我已经按我的经验，给了你一部已经被证实有效的"策略"，它曾帮助我这个有才干却未得赏识的年轻经理，逐渐成长为办公室里最不可动摇的高管。不过，通往高管的这条路，却并不如我们所认为的那样简单。它并不是由诚实尽职、努力和才干堆砌而成的，而是靠机遇和逆向策略搭建而成的。要获得高管职位，经常要去做令人感到不快的事，做那些让你看起来与众不同的事。这确实令人感到不快，不过却很管用。

从渴望成功到真正收获成功，最关键的是，工作的时候，要重新确立自己的首要目标。不要专注于短期的目标和任务，尽可能地投入你的时间和精力思考自己该怎样升职。无论如何都要避免从众，并要为你的工作和付出"打广告"。当大家都在艰难地应对改变，不断地抱怨，拒绝接受改变的时候，请保持最佳的工作状态。不要号令他人，如果别人做得不够好，不要去指责，而是诚心地帮助他们，让他们完成好工作。表达观点和策略的时候，保持客观冷静的视角，不要太过激动，专注于"高分"的工作项目，而不要只想着尽责做好本职的工作。

我已经从非能力型管理者的"策略"里"偷"了这些策略

过来，如果它们能帮助那些普通人获得成功，那你猜想一下，如果是你用这些策略，会达到怎样的效果呢？明天就开始制订你自己的升职计划，然后等着自己一步一步高升吧。

Up工作法门

/ 不要对自己的理念太过执着 /

你可以用以下的策略做指导，将它们纳入自己的"策略"之中，它们一定会令你满意。

1. 总是保留选择权。即便你确认自己知道正确的策略，你也必须给自己留有选择的余地。在商学院里，我们就学到过这样的经验，不过在高速发展的商业社会中，却极少见到这条经验行之有效地施行过。

2. 不要耍手段。弄虚作假以期暗中布局，让大家接受自己的理念，这是一种不明智的行为。如果你想不到其他的策略，那可能是你太过热衷于自己的想法了。人们能够看穿你的虚假行为，这只会让你看起来很幼稚。

3. 学着接受别人的观点。接受自己并不看好的观念，这让人觉得你很老成。不过在职场上，客观、专业的视角比个人的见解让你加分更多。要准备好主动接受任何高层管理者看好的策略。

/ 接受别人所讨厌的改变 /

以下是三种能够让你快速接受别人所讨厌的改变，并将你送上高位的策略。

1. 做计划要灵活。要切实记录下自己的计划，不然就会被情绪所主导，如果局势有重大变化，记录下相应的策略，让自己有计划地做出行动，而不至于太过情绪化。

2. 用你的头脑去选择制胜的策略，而不要用心。对局势做出客观的评价，看清楚哪一方更有优势，并加入其中。如果有别的公司收购了你所在的公司，或占据了你的公司的地盘，那就选择跟他们待在一起，不与得势的一方为敌。

3. 放下你的自尊。如果你顺应了改变，人们会嘲弄你，取笑你趋炎附势。请忽略掉这些人，你的职业目标并不是结交朋友，而是要升职。

/ 学着推销自己 /

以下同样是三种能够让你快速接受别人所讨厌的改变，并将你送上高位的策略。

1. 知道你的"影响者"是谁。确保自己认识3到5位能够影响自己工作成败的关键性人物，你寻找的关键性人物是为人坦率、爱批判的人。

2. 为自己做三次推销"广告"。好的"广告"一开始就是要让人们赞同你的基本理念，然后偷偷地将关键人物——"影响者"拉进自己的阵营里，最后是让"影响者"对自己的方案做出客观的评估，让人们接受任何可能出现的结果。

3. "广告"是重要的，但是忙碌起来之后，就可能会忽略掉"广告"的重要性。把手头的工作放下一会儿，利用这些时间让你的"听众"做好准备，从而为你的工作扫清"障碍"。

/ 避免只关注结果的闹剧 /

以下三条重要策略，你可以加入你的职场策略之中，这能保证你在工作时将时间和精力进行恰当的投资。

1. 重新分配时间。把更多的时间用于拓展技能，而不要太关注工作的成果。每天用20%—30%的时间学习新的技能，用以拓展自己的专长，而不是只做自己最擅长的工作。

2. 传播你学到的知识。告诉人们你都在学什么，以及你所收获的东西。他们需要你能够承担更多的职责。

3. 做长久的打算。职业过程中，你可能会就职多家公司，有多位上司，不要将你的未来捆绑在某一个人或某一项技能上，在如今这个不断变革的社会中，你需要多方面的技能，而不能只专长某一项技能。

/　不要跟喜欢抱怨的同事打成一片　/

以下是一些不可错过的策略，能确保你不会跟喜欢抱怨的同事打成一片。

1. 态度不能消极。对你的同事和上司持不友好的态度，这样你不会得到任何好处。即便你周围的人都是没有能力的人，你对他们不友好，这对你也没有益处。虽然这样做有时会显得虚伪，但无论何时、无论对何人都应该热情友好。

2. 对人忠诚且有礼。任何时候，你都应顺从并尊重你的上司。如果你要找这样的机会，一抓一大把。不要公开跟你的上司争辩，而是私下找合适的机会去交谈。

3. 要表现出自己跟别人不一样的地方。不要忘了，跟你一起工作的同事也在跟你竞争。他们不是你的朋友——至少在这场职业竞争中不是。你必须找到让自己比别人更出挑的办法，第一步最好是多花点时间和你的上司在一起，而不要用太多的时间和同事们相处。

/ 找一些大问题来解决 /

以下是一些快捷策略，你能够用来确保让自己总是关注职场"触地得分"的策略。

1. 不要等着被别人发现。没有人在看着你。诚实可靠不是领导者看重的品质，至少不是那些能够提拔你的人看重的品质。升职的最好办法就是参与更重大的项目，让自己获得瞩目，即便这意味着你要自愿去做跟你的目标无关的工作。

2. 等待合适的机会。你不能盲目地参与任何你所知道的大项目。你需要选择最能让你获得成功的那些项目，抓住那些做升职决策的人能够认识你的机会。虽然重大项目的失败很糟糕，一旦成功却是很棒的。

3. "全垒打"。不要错过了"全垒打"的机会，这种机会的出现频率比我们想象的要高得多。下一次有人邀请你参与项目，或者要求你承担某些你的日常工作之外的职责的话，就答应下来吧。

/ 不要号令他人 /

以下是一些策略，能够让你专注于帮助他人，而不是要求他人做好本职工作。

1. 明确自己的权力。第一步确定你是否对某人或某个团队拥有掌控权。如果他们是为你工作的，那你就有这个权力；如果不是，那你就没有这个权力。你拥有的权力决定了你应该选择帮助他人还是要求他人负责，做好自己的本职工作。

2. 虚心接受他人意见，不要太过情绪化。许多人都不乐意听从他人意见。我发现，即便自己内心非常恼怒，也愿意对跟我一起工作的人提供帮助，而不是批评他们。

3. 帮助他人要让别人知道。如果没有重要人士发现，就算你帮助了他人，也不会让你获得加分。要找机会让你的上司们知道，你在为同事们提供帮助，如此，在时机成熟的时候，上司们就会发现你的领导者才干。

前言

① 复合年增长率（CAGR）是一种投资术语，指的是在一年之内的固定收益率。（见前言002页）

② 散布图是一种用于表示一组成对的数据之间是否有相关性的图表。（见前言002页）

第一章

① 马斯洛的需求层次理论将人类需求像阶梯一样从低到高按层次分为五种，生理需求是最底端的，而自我实现需求是最顶端的。（见005页）

② 精英社会指的是一种通过智力和已有领域的成就大小来证明人的才干的社会。（见005页）

③ 帕特里克·兰西奥尼是一位著名的商业畅销书作家，代表作有《团队的五大机能障碍》，该作品探讨的是团队合作动力学。（见009页）

④ 20世纪50年代，哲学家所罗门·阿希进行了一系列实验研究，用以证明团结合作的力量。（见009页）

第四章

① 据美国劳工统计局统计，1957至1964年生的人，在18岁到44岁之间时，平均拥有11份工作。（见126页）